数 字 测 图

主编 曹先革　杨金玲　刘洪军　徐廷鹏

主审 曲建光　李秀海

哈尔滨工程大学出版社

内 容 简 介

本书系统地介绍了数字测图的理论、技术和方法。内容包括数字测图基本知识、数字测图的硬件设备、野外数据采集、图形绘制基础、数字测图内业、地图数字化、数字地形图的应用和施工放样、数字地籍测绘。本书对数字测图所涉及的硬件(全站仪、RTK GPS 接收机、水准仪、扫描仪、绘图仪等)、软件(LGO，NASEW,CASS,SCAN 等)及数据采集和数据处理的方法进行了详细介绍，重点突出了数字测图内业数据处理和数字地形图的应用，强化了实践性教学环节。

本书为普通高等学校测绘工程专业的本科教材，也可作为工科相关专业，如土地管理、交通工程、资源与环境管理等专业基础课程教材，亦可供从事测绘工程工作及相关工作的技术人员学习参考。

图书在版编目(CIP)数据

数字测图/曹先革等主编. —哈尔滨:哈尔滨工程大学出版社,2012.5(2018.6 重印)

ISBN 978 – 7 – 5661 – 0351 – 2

Ⅰ. ①数…　Ⅱ. ①曹…　Ⅲ. ①数字化制图
Ⅳ. ①P283.7

中国版本图书馆 CIP 数据核字(2012)第 081975 号

出版发行　哈尔滨工程大学出版社
社　　址　哈尔滨市南岗区南通大街 145 号
邮政编码　150001
发行电话　0451 – 82519328
传　　真　0451 – 82519699
经　　销　新华书店
印　　刷　北京中石油彩色印刷有限责任公司
开　　本　787mm×1 092mm　1/16
印　　张　12.5
字　　数　300 千字
版　　次　2012 年 5 月第 1 版
印　　次　2018 年 6 月第 3 次印刷
定　　价　27.00 元
http://www.hrbeupress.com
E-mail:heupress@ hrbeu.edu.cn

前　言

随着现代测绘科学技术的迅猛发展,测绘仪器和测绘技术已发生了巨大变化,绘图技术也越来越先进,地形测量已从白纸测图转变为数字测图。数字测图目前已成为应用最广泛、技术最普及、大多数测绘工作人员必须掌握的现代测绘新技术,数字化地形图已成为各类数字工程的基石。

为适应我国数字工程、经济建设和社会发展的需要,我们在参阅了国内专著和论文的基础上,结合教学、工程应用编写了本书。本书以地形图、地籍图等工程图形的绘制为出发点,针对现代化测图的问题和要求,由浅入深地介绍了数字测图的基本知识、数据采集的手段和方法,地形图及地籍图绘制的基本方法与过程,数字地形图的应用等,强化了实践性教学环节。

全书共分八章,具体编写安排如下:第 1 章、第 4 章和第 7 章由曹先革编写(约 100 千字);第 2 章、第 6 章和第 8 章由杨金玲编写(约 80 千字);第 3 章由刘洪军(黑龙江省统一征地工作站)编写(约 70 千字);第 5 章由徐廷鹏(黑龙江省电力勘察设计研究院)编写(约 50 千字);全书由曹先革、杨金玲负责统稿定稿。最后由曲建光、李秀海两位教授分别统审全书。

本书在编写过程中参阅了大量文献,引用了同类书刊中的一些资料。在此,谨向有关作者表示衷心的感谢。

由于作者水平有限,书中不当之处在所难免,敬请广大读者批评指正。

编者
2012 年 1 月

目　　录

第1章　数字测图基础知识

1.1　常用坐标系及其转换

1.1.1　测量坐标系概述

地面和空间点位的确定总是要参照于某一给定的坐标系统。坐标系统是由坐标原点、坐标轴的指向和尺度所定义的。坐标参考系统分为天球坐标系和地球坐标系(亦称地固坐标系)。天球坐标系用于研究天体和人造卫星的定位与运动,地球坐标系用于研究地球上物体的定位与运动。确定地球表面点的空间位置采用地固坐标系更为方便。根据坐标系原点位置的不同,地固坐标系分为地心坐标系(原点与地球质心重合)和参心坐标系(原点与参考椭球中心重合),前者以总地球椭球为基准,后者以参考椭球为基准。无论是地心坐标系还是参心坐标系均可分为空间直角坐标系和大地坐标系,它们都与地球固连在一起,与地球同步运动。不同基准的坐标系的点位坐标是不同的。

建立某一基准的地固坐标系统(简称坐标系),必须解决以下问题:①确定椭球的形状和大小(长半径 a 和扁率 α);②确定椭球中心的位置(椭球定位);③确定椭球短轴的指向(椭球定向);④建立大地原点。对于地固坐标系,坐标原点通常选在参考椭球中心或地心,坐标轴的指向具有一定的选择性,国际上通用的坐标系一般采用协议地极方向 CTP(Conventional Terrestrial Pole)作为 Z 轴指向。

1. 不同基准的坐标系统

(1)1954 年北京坐标系

1954 年北京坐标系是我国目前广泛采用的大地测量坐标系,源自于前苏联采用过的 1942 年普尔科沃坐标系。

新中国成立前,我国没有统一的大地坐标系统。新中国成立初期,在前苏联专家的建议下,我国根据当时的具体情况,建立起了全国统一的 1954 年北京坐标系。该坐标系采用的参考椭球是克拉索夫斯基椭球。这是一个只用几何量表示的椭球,其椭球的参数为 $a = 6\ 378\ 245\ \text{m}, \alpha = 1:298.3$。

遗憾的是,该椭球并未依据当时我国的天文观测资料进行重新定位,而是直接由前苏联西伯利亚地区的一等锁,经我国的东北地区传算过来。

限于当时的条件,1954 年北京坐标系存在着很多缺点,主要表现在以下几个方面:

①克拉索夫斯基椭球参数同现代精确的椭球参数的差异较大,并且不包含表示地球物理特性的参数,因而给理论和实际工作带来了许多不便。

②椭球定向不十分明确,椭球的短半轴既不指向国际通用的 CIO 极,也不指向目前我国使用的 JYD 极。参考椭球面与我国大地水准面呈西高东低的系统性倾斜,东部高程异常达 60 余米,最大达 67 m。

③该坐标系统的大地点坐标是经过局部分区平差得到的,因此,全国的天文大地控制网实际上不能形成一个整体,区与区之间存在较大的隙距。如接合部中的有些点,在不同区的

坐标值相差 1~2 m。不同分区的尺度差异也较大。因为坐标是按东北—西北—西南的路线分区传递的,后一区的坐标起算点是前一区的最弱坐标点,因而一等锁的坐标积累误差较大。

鉴于此,国家测绘局和总参测绘局于 1978 年 4 月在西安召开会议,决定建立我国自己的坐标系统。

(2)1980 年国家大地坐标系

1978 年我国决定建立新的国家大地坐标系统,并重新对全国天文大地网实施整体平差,要求整体平差在新大地坐标系中进行,这个坐标系统就是 1980 年国家大地坐标系(亦称 1980 年西安坐标系)。

1980 年国家大地坐标系采用国际大地测量协会 1975 年推荐的参考椭球 IAG—75 国际椭球,其 4 个几何和物理参数值为:

①椭球长半径 $a = 6\ 378\ 140$ m;

②引力常数与地球质量的乘积 $GM = 3.986\ 005 \times 10^{14}$ m³/s²;

③地球重力场二阶带球谐系数 $J_2 = 108\ 263 \times 10^{-8}$;

④地球自转角速度 $\omega = 7.292\ 115 \times 10^{-5}$ rad/s。

椭球的短轴平行于地球的自转轴(由地球质心指向 1968.0 JYD 地极原点方向),起始子午面平行于格林尼治平均天文子午面。按照椭球面与似大地水准面在我国境内符合最好的约束条件进行定位,并将大地原点确定在我国中部——陕西省泾阳县永乐镇,高程系统以 1956 年黄海平均海水面为高程起算基准。

1980 年国家大地坐标系中的大地点成果与原 1954 年北京坐标系中的大地点成果是不同的。差异除了因为前者是经过整体平差,而后者只是作了局部平差以外,主要还是由于它们各属于不同椭球与不同的椭球定位与定向。

(3)中国地心坐标系统 CGCS2000

基于"中国地壳运动观测网络"工程 1999 年至 2005 年共 7 年的 24 个 GPS 连续运行基准站观测数据,并联合 47 个国际 IGS 核心站,得到这些点于 2000.0 历元在 ITRF2000 框架中的坐标及速度,以及其相对于 NNR – NUVELlA 板块模型的速度,以此建立起中国地心坐标系的基准点。CGCS2000 坐标系采用的地球椭球参数如下:

①地球椭球长半径 $a = 6\ 378\ 137$ m;

②引力常数与地球质量的乘积 $GM = 3.986\ 004\ 418 \times 10^{14}$ m³/s²;

③地球自转角速度 $\omega = 7.292\ 115 \times 10^{-5}$ rad/s。

2008 年 7 月 1 日起实施的中国地心坐标系统 CGCS2000 是全球地心坐标系在我国的具体体现,其原点为包括海洋和大气的整个地球的质量中心。采用以地球质心为大地坐标系的原点,可以更好地阐明地球上各种地理和物理现象,特别是空间物体的运动。现在利用空间技术所得到的定位和影像等成果,都是以地心坐标系为参照系。采用地心坐标系可以充分利用现代最新科技成果,它对满足国民经济建设、社会发展、国防建设和科学研究的需求,有着十分重要的意义。

(4)WGS – 84 坐标系

WGS – 84 坐标系的全称是 World Geodetical System – 84(世界大地坐标系 – 84),它属于地心地固坐标系统。WGS – 84 坐标系由美国国防部制图局建立,于 1987 年取代了当时 GPS 所采用的坐标系统——WGS72 坐标系统而成为 GPS 所使用的坐标系统。坐标系的原点是地球的质心,椭球面与大地水准面在全球范围内最佳符合,Z 轴指向 BIH1984.0 定义的协议地球极(CTP)方向,X 轴指向 BIH1984.0 的零度子午面和 CTP 赤道的交点,Y 轴和 Z、X 轴构成右手坐标系。

对应 WGS – 84 坐标系有一个 WGS – 84 椭球,该椭球的参数为:

①地球椭球长半径 $a = 6\ 378\ 137$ m;

②引力常数与地球质量的乘积 $GM = 3.986\ 005 \times 10^{14}$ m^3/s^2;

③地球重力场二阶带球谐系数 $J_2 = 1\ 082.629\ 989\ 05 \times 10^{-6}$;

④地球自转角速度 $\omega = 7.292\ 115 \times 10^{-5}$ rad/s。

GPS 的星历坐标及由 GPS 观测值直接计算的坐标,都是 WGS – 84 坐标系下的坐标。

(5)站心坐标系

以测站为原点,测站上的法线(或垂线)为 Z 轴方向,北方向为 X 轴,东方向为 Y 轴,建立的坐标系称为法线(或垂线)站心坐标系,常用来描述参照于测站点的相对空间位置关系,或者作为坐标转换的过渡坐标系。工程上在小范围内有时也直接采用站心坐标系。

2. 同一基准中几种常用坐标系

根据不同的表达方式和要求,表示地面点位的空间位置,就产生了不同的坐标系。在大地测量中,常用的坐标系有以下几种。

(1)空间直角坐标系

空间直角坐标系如图 1 – 1 所示,空间任意点的坐标用(X,Y,Z)表示,坐标原点位于地球椭球质心或参考椭球中心,Z 轴(短轴)与地球平均自转轴相重合,亦即指向某一时刻的平均北极点,X 轴指向平均自转轴与格林尼治天文台所决定的子午面与赤道面的交点 G_e,而 Y 轴与 XOZ 平面垂直,且指向东为正。

(2)大地坐标系

大地坐标系(亦称地理坐标系)如图 1 – 2 所示,可采用大地经度 L、大地纬度 B 和大地高 H 来描述地面上一点的空间位置。地面上一点的大地经度 L 为大地起始子午面与该点所在的子午面所构成的二面角,由起始子午面起算,向东为正,称为东经($0° \sim 180°$),向西为负,称为西经($0° \sim 180°$);大地纬度 B 是过该点作椭球面的法线与赤道面的夹角,由赤道面起算,向北为正,称为北纬($0° \sim 90°$),向南为负,称为南纬($0° \sim 90°$);大地高 H 是地面点沿椭球的法线到椭球面的距离。

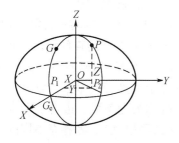

图 1 – 1 空间直角坐标系

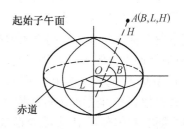

图 1 – 2 大地坐标系

(3)高斯平面直角坐标系

在地球椭球面上进行大地坐标的计算,是相当烦琐的,远不如在平面上简便。为适应测量定位的应用,需要将大地坐标转换为某种平面直角坐标;为测绘在平面上的地图,也必须将地球椭球面上各元素按一定的数学法则归算(投影)到某个平面。将大地坐标通过某种数学变换映射到平面上,这就是坐标投影变换。投影变换的方法很多,如 UTM 投影、Lambert 投影等。我国采用的是高斯 - 克吕格投影,简称高斯投影。

高斯平面直角坐标系的原点是高斯投影某一带的中央子午线和赤道投影的交点;x 轴为中央子午线的描写形,指向北;y 轴为赤道的描写形,指向东,如图 1 - 3(a)所示。在我国 x 坐标都是正的,y 坐标的最大值(在赤道上)约为 330 km。为了避免出现负的横坐标,可在横坐标上加上 500 km,如图 1 - 3(b)所示;此外还应在坐标前面再冠以带号。这种坐标称为国家统一坐标(亦称通用坐标)。例如,有一点 $Y = 19\,123\,456.789$ m,该点位于 19 带内,其相对于中央子午线而言的横坐标则是首先去掉带号,再减去 500 000 m,最后得到 $Y = -376\,543.211$ m。

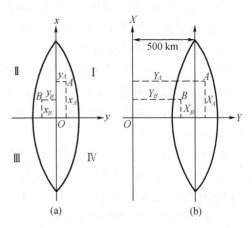

图 1 - 3   高斯平面直角坐标系

(4)平面直角坐标系

当测图的范围较小时(半径 10 km 以内区域),可把该部分的球面视为水平面。将地面点直接沿铅垂线方向投影到水平面上。如图 1 - 4 所示,以互相垂直的纵横轴建立平面直角坐标系:纵轴为 x 轴,与南北方向一致,以向北为正,向南为负;横轴为 y 轴,与东西方向一致,以向东为正,向西为负。这样任一点平面位置可用其纵横坐标 x,y 表示。如果坐标原点 O 是任意假定的,则为独立的平面直角坐标系。

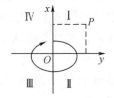

图 1 - 4   平面直角坐标系

1.1.2   测量坐标的转换

1. 不同基准间的坐标转换

不同基准间的坐标转换本质上是不同坐标系统的转换。不同基准间的坐标转换可以在不同空间直角坐标系之间转换也可以在不同大地坐标系之间转换。在两空间直角坐标系之间转换比较简便,应用广泛,下面仅介绍两空间直角坐标系之间转换方法。

不同空间直角坐标系的转换应包括不同参心空间直角坐标系间的转换,同时也包括参心空间直角坐标系与地心空间直角坐标系间的转换。在进行两个空间直角坐标系间的转换时,要对坐标原点实施 3 个平移变换,对 3 个坐标轴实施 3 个旋转变换(这 3 个旋转角称为欧勒角),除此之外,还有两个坐标系尺度之间不一样的一个尺度变换参数。以上 3 个坐标原点平移参数、3 个坐标轴旋转参数、1 个尺度变换参数统称为七参数。进行空间直角坐标系转换主要有布尔莎模型、莫洛金斯基模型和范士公式(武测模型)。因各有不同的前提条件,故七参数数值是不同的,坐标转换的结果差别很小。下面以布尔莎模型为例介绍空间直角坐标系的转换。

设有三维空间直角坐标系 $O_A - X_A Y_A Z_A$ 和 $O_B - X_B Y_B Z_B$ 的相互关系见图 1 - 5。

令:C 点在 A 空间直角坐标系的坐标为 (X_A, Y_A, Z_A),在 B 空间直角坐标系的坐标为 (X_B, Y_B, Z_B)。

两空间直角坐标系间的七个转换参数为：

3 个平移参数(ΔX_0, ΔY_0, ΔZ_0)为 A 空间直角坐标系原点平移到 B 空间直角坐标系原点的坐标差,保证两个坐标系的原点重合。

3 个旋转参数(ω_X, ω_Y, ω_Z)为 A 空间直角坐标系的三轴指向分别旋转到 B 空间直角坐标系的三轴指向的旋转角,使得旋转后 3 个坐标轴的指向一致。

1 个尺度参数 m 为 B 基准与 A 基准两个长度的比,强行将 A 基准的尺度拉伸或压缩至 B 基准的长度标准。

由 A 空间直角坐标系到 B 空间直角坐标系的转换参数为

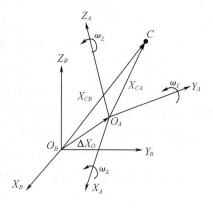

图 1 - 5　坐标系转换示意图

$$\begin{bmatrix} X_B \\ Y_B \\ Z_B \end{bmatrix} = \begin{bmatrix} \Delta X_0 \\ \Delta Y_0 \\ \Delta Z_0 \end{bmatrix} + (1+m)\boldsymbol{R}(\omega)\begin{bmatrix} X_A \\ Y_A \\ Z_A \end{bmatrix} \qquad (1-1)$$

式中

$$\boldsymbol{R}(\omega) = \boldsymbol{R}(\omega_Z)\boldsymbol{R}(\omega_Y)\boldsymbol{R}(\omega_X) \qquad (1-2)$$

$$\boldsymbol{R}(\omega_X) = \begin{bmatrix} 1 & 0 & 0 \\ 0 & \cos\omega_X & \sin\omega_X \\ 0 & -\sin\omega_X & \cos\omega_X \end{bmatrix} \qquad (1-3)$$

$$\boldsymbol{R}(\omega_Y) = \begin{bmatrix} \cos\omega_Y & 0 & -\sin\omega_Y \\ 0 & 1 & 0 \\ \sin\omega_Y & 0 & \cos\omega_Y \end{bmatrix} \qquad (1-4)$$

$$\boldsymbol{R}(\omega_Z) = \begin{bmatrix} \cos\omega_Z & \sin\omega_Z & 0 \\ -\sin\omega_Z & \cos\omega_Z & 0 \\ 0 & 0 & 1 \end{bmatrix} \qquad (1-5)$$

为分别绕 X, Y, Z 轴旋转的旋转矩阵。三个旋转角 ω_X, ω_Y, ω_Z 通常为小角度,称为欧勒角。令

$$\left.\begin{array}{l} \cos\omega \approx 1 \\ \sin\omega \approx \omega \end{array}\right\}$$

则有

$$\boldsymbol{R}(\omega) = \boldsymbol{R}(\omega_Z)\boldsymbol{R}(\omega_Y)\boldsymbol{R}(\omega_X) = \begin{bmatrix} 1 & \omega_Z & \omega_Y \\ -\omega_Z & 1 & \omega_X \\ \omega_Y & -\omega_X & 1 \end{bmatrix} \qquad (1-6)$$

必须指出,3 个旋转矩阵的顺序不能颠倒。

布尔莎模型的另一种形式为

$$\begin{bmatrix} X_B \\ Y_B \\ Z_B \end{bmatrix} = \begin{bmatrix} X_A \\ Y_A \\ Z_A \end{bmatrix} + \begin{bmatrix} \Delta X_A \\ \Delta Y_A \\ \Delta Z_A \end{bmatrix} + \boldsymbol{K}\begin{bmatrix} \omega_X \\ \omega_Y \\ \omega_Z \end{bmatrix} \qquad (1-7)$$

式中

$$K = \begin{bmatrix} 0 & -Z_A & Y_A & X_A \\ Z_A & 0 & -X_A & Y_A \\ -Y_A & X_A & 0 & Z_A \end{bmatrix} \quad (1-8)$$

在作业中,一般把既有 A 坐标系的坐标,又有 B 坐标系的坐标的点称为公共点。转换参数就是根据两坐标系的公共点按最小二乘法原理来确定的。

2. 同一基准内坐标的相互转换

(1)空间直角坐标系与大地坐标系间的转换

①在相同的基准下,大地坐标系向空间直角坐标系的转换方法为

$$\left. \begin{aligned} X &= (N+H)\cos B\cos L \\ Y &= (N+H)\cos B\sin L \\ Z &= [N(1-e^2)+H]\sin B \end{aligned} \right\} \quad (1-9)$$

式中, $N = \dfrac{a}{\sqrt{1-e^2\sin^2 B}}$ 为卯酉圈的曲率半径; $e^2 = \dfrac{a^2-b^2}{a^2}$,其中 a 为地球椭球长半轴, b 为地球椭球的短半轴, e 为椭球第一偏心率。

②在相同的基准下,空间直角坐标系向空间大地坐标系的转换方法为

$$\left. \begin{aligned} L &= \arctan\left(\frac{Y}{X}\right) \\ B &= \arctan\left\{ \frac{Z(N+H)}{\sqrt{(X^2+Y^2)}\,[N(1-e^2)+H]} \right\} \\ H &= \frac{Z}{\sin B} - N(1-e^2) \end{aligned} \right\} \quad (1-10)$$

在采用上式进行转换时,大地纬度 B 需要用迭代的方法求解。当两次迭代结果之差 $\Delta B \leqslant \varepsilon$ 时,就得到了 B,然后就可确定 H。

(2)大地坐标系与高斯平面直角坐标系间的转换

把大地坐标 (B,L) 转换至高斯平面直角坐标 (x,y) 称为高斯投影坐标正算。把高斯平面直角坐标 (x,y) 转换为大地坐标 (B,L) 称为高斯投影坐标反算。在测绘工程中通常需要高斯投影坐标正算,其转换方法为

$$\left. \begin{aligned} x &= X + \frac{N}{2}\sin B\cos Bl^2 + \frac{N}{24}\sin B\cos^3 B(5-t+9\eta^2+4\eta^4)l^4 + \frac{N}{720}\sin B\cos^5 B(61-58t^2+t^4)l^6 \\ y &= N\cos Bl + \frac{N}{6}\cos^3 B(1-t^2+\eta^2)l^3 + \frac{N}{120}\cos^5 B(5-18t^2+t^4+14\eta^2-58\eta^2\eta^2)l^5 \end{aligned} \right\} \quad (1-11)$$

式中, $N = \dfrac{a}{\sqrt{1-e^2\sin^2 B}}$ 为卯酉圈的曲率半径, $t = \tan B$, $\eta^2 = \dfrac{a^2-b^2}{b^2}\cos^2 B$, $l = L - L_0$, L_0 为中央子午线。

因为分带的原因,使得不同带上的点坐标可能有相同的值。还需将高斯坐标换算成国家统一坐标 (X,Y),其方法是

$$\left. \begin{aligned} X &= x \\ Y &= 带号 + 500\ \text{km} + y \end{aligned} \right\} \quad (1-12)$$

1.1.3 测量坐标系到屏幕坐标系和绘图仪坐标系的转换

计算机地图制图是在计算机屏幕上显示地图图形,在绘图仪上输出地图。图形显示不仅是数字地图的主要输出形式之一,而且数字测图过程和结果的可视化都是通过图形显示来实现的,因此图形显示是数字测图系统的主要功能之一。在图形显示中要考虑的主要问题是将采样点的测量坐标转换为屏幕窗口坐标。另外,在对图形进行缩放显示时,还要进行同一窗口内不同比例条件下的坐标变换。

1. 测量坐标系与屏幕坐标系间的转换

在数字测图过程中所获取的采样点坐标通常是测量坐标系中的坐标,要将图形显示到计算机屏幕上,必须将测量坐标转换为相应的屏幕坐标;而在图形编辑过程中,又需要根据所显示图形在采样点中查询相应的点位。这就要求将屏幕坐标转换为相应的测量坐标。计算机屏幕坐标系是以屏幕左上角为原点,以从左至右的水平方向为 x 轴,以从上至下的垂直方向为 y 轴的直角坐标系,屏幕坐标系的坐标单位为像素,其取值一般只能是 0 和正整数,具体取值范围与屏幕分辨率有关,如对分辨率为 $1\,024 \times 768$ 的显示器而言,x 的取值范围为 $0 \sim 1\,023$,y 的取值范围为 $0 \sim 767$。

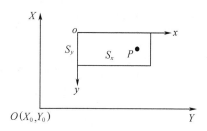

图 1 - 6 测量坐标系与屏幕坐标系的关系

如图 $1 - 6$ 所示,XOY 是测量坐标系,xoy 是屏幕坐标系,若屏幕水平方向和垂直方向的长度分别为 s_x 和 s_y,相应的实地长度分别为 S_Y 和 S_X,屏幕左下角的测量坐标为 (X_0, Y_0),任一点 P 的测量坐标 (X, Y) 和相应的屏幕坐标 (x, y) 之间存在如下关系

$$\left. \begin{array}{l} x = k_x(Y - Y_0) \\ y = s_y - k_y(X - X_0) \end{array} \right\} \qquad (1 - 13)$$

式中,k_x 为 x 方向的比例系数,$k_x = s_x / S_Y$;k_y 为 y 方向的比例系数,$k_y = s_y / S_X$。

$$\left. \begin{array}{l} X = K_X(s_y - y) + X_0 \\ Y = K_Y x + Y_0 \end{array} \right\} \qquad (1 - 14)$$

式中,K_X 为 X 方向的比例系数,$K_X = S_X / s_y$;K_Y 为 Y 的方向比例系数,$K_Y = S_Y / s_x$。

式 $(1 - 13)$ 是由测量坐标到屏幕坐标的变换公式,式 $(1 - 14)$ 是由屏幕坐标到测量坐标的变换公式。

在实际应用中,一般不会将整个屏幕都用于显示图形,而是在屏幕上设置一个显示窗口,并将其他部分用于显示菜单、工具条和状态栏。这时,只需将式 $(1 - 13)$ 和式 $(1 - 14)$ 中的 s_x 和 s_y 定义为窗口的水平方向和垂直方向的长度,(X_0, Y_0) 定义为窗口左下角相应的测量坐标,则式 $(1 - 13)$ 和式 $(1 - 14)$ 即为测量坐标系和窗口坐标系之间的变换公式。

2. 图形缩放时的坐标转换

在数字测图过程中,经常需要对图形进行放大或缩小显示。图形缩放显示的方式主要有两种,一种是以窗口内某点为中心进行给定倍数的放大或者缩小显示,即定倍数缩放显示;另一种是对选定区域内的图形进行放大显示,即开窗放大显示。

(1)定倍数缩放显示

定倍数缩放显示是在原窗口中选定某点为中心并给定缩放倍数,缩放后将该点移至窗口中心并按给定的缩放倍数来显示该图形。设所选点在原窗口中的坐标为(x_m, y_m),其相应的测量坐标为(X_M, Y_M),缩放倍数为k,则原窗口中任一点P的坐标(x, y)与缩放后窗口中的坐标(x', y')之间存在如下关系

$$\left.\begin{aligned} x' &= k(x - x_m) + \frac{s_x}{2} \\ y' &= k(y - y_m) + \frac{s_y}{2} \end{aligned}\right\} \tag{1-15}$$

缩放窗口中的坐标(x', y')与相应高斯坐标(X, Y)之间存在如下关系

$$\left.\begin{aligned} X &= -\frac{k_X}{k}\left(y' - \frac{s_y}{2}\right) + X_M \\ Y &= \frac{k_Y}{k}\left(x' - \frac{s_x}{2}\right) + Y_M \end{aligned}\right\} \tag{1-16}$$

$$\left.\begin{aligned} x' &= kk_x(Y - Y_M) + \frac{s_x}{2} \\ y' &= -kk_y(X - X_M) + \frac{s_y}{2} \end{aligned}\right\} \tag{1-17}$$

(2)开窗放大显示

开窗放大显示是在原窗口中选定以某点为中心的矩形区域,放大后将所选矩形区域内的图形显示到整个窗口中。设所选点在原窗口中的坐标为(x_m, y_m),其相应测量坐标为(X_M, Y_M),所选矩形区域在x方向和y方向上的长度分别和s'_x和s'_y,则所选区域原窗口中任一点坐标(x, y)与放大后窗口中的坐标(x', y')之间的关系为

$$\left.\begin{aligned} x' &= k'_x(x - x_m) + \frac{s_x}{2} \\ y' &= k'_y(y - y_m) + \frac{s_y}{2} \end{aligned}\right\} \tag{1-18}$$

式中,k'_x为x方向上的放大倍数,$k'_x = s_x / s'_x$;k'_y为y方向上的放大倍数,$k'_y = s_y / s'_y$。放大后窗口中的坐标(x', y')与相应高斯坐标之间的关系为

$$\left.\begin{aligned} X &= -\frac{k_X}{k'_y}\left(y' - \frac{s_y}{2}\right) + X_M \\ Y &= \frac{k_Y}{k'_x}\left(x' - \frac{s_x}{2}\right) + Y_M \end{aligned}\right\} \tag{1-19}$$

$$\left.\begin{aligned} x' &= k'_x k_x(Y - Y_M) + \frac{s_x}{2} \\ y' &= -k'_y k_y(X - X_M) + \frac{s_y}{2} \end{aligned}\right\} \tag{1-20}$$

3. 测量坐标系到绘图仪坐标系的转换

绘图仪坐标系和数学中的笛卡儿坐标系是相同的,它的坐标原点,对不同的绘图仪硬件缺省值不尽相同,有的位于绘图仪的左下角,有的位于绘图仪的中心,但一般都可通过软件将绘图仪的坐标原点设于绘图仪有效绘图区的任意位置。绘图仪的坐标单位为绘图仪脉冲

当量。多数绘图仪的一个脉冲当量等于 0.025 mm,即 1 mm 相当于 40 个绘图仪坐标单位。下面以绘图仪坐标系原点位于图板中央为例说明测量坐标到绘图仪坐标的换算。

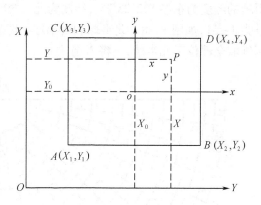

如图 1-7 所示,XOY 为测量坐标系,xoy 为绘图仪坐标系,$A(X_1,Y_1)$,$B(X_2,Y_2)$,$C(X_3,Y_3)$ 和 $D(X_4,Y_4)$ 是 4 个图廓点的测量坐标,则图幅中心的测量坐标为

图 1-7   测量坐标系与绘图仪坐标系的关系

$$\left.\begin{array}{l} X_0 = \dfrac{1}{4}\sum_{i=1}^{4}X_i \\ Y_0 = \dfrac{1}{4}\sum_{i=1}^{4}Y_i \end{array}\right\} \qquad (1-21)$$

则图幅中任一点 P 的测量坐标与相应的绘图仪坐标存在如下关系

$$\left.\begin{array}{l} x = 40\,000(Y - Y_0)\cdot\dfrac{1}{M} \\ y = 40\,000(X - X_0)\cdot\dfrac{1}{M} \end{array}\right\} \qquad (1-22)$$

式中,x,y 为 P 点的绘图仪坐标;X,Y 为 P 点的测量坐标;M 为测图比例尺分母。

1.2   地形图的分幅与编号

进行大面积的地形图测绘,需要将整个测区分成若干幅图,进行统一作业。为了便于测绘、使用和管理,需要将地形图按一定的规则进行分幅和编号。地形图的分幅与编号有两种类型,一种是按经纬线划分的梯形分幅与编号,另一种是按坐标格网划分的正方形(或矩形)分幅与编号。

1.2.1   梯形分幅与编号

地形图的梯形分幅又称为国际分幅,以国际统一规定的经线为图的东西边界、纬线为图的南北边界。由于各条经线(子午线)向南北极收敛,因此整个图幅呈梯形,其分幅与编号的方法随比例尺不同而不同。但随着 1992 年《国家基本比例尺地形图分幅和编号》的颁布,出现了新、旧两种分幅与编号方法并存的情况,下面将两种方法分别介绍如下。

1. 旧的梯形分幅与编号方法

(1)1:100 万地形图的分幅与编号

1:100 万地形图的分幅与编号是由国际统一规定的,是梯形分幅的基础。分幅方法是:将整个地球表面用子午线分成 60 个 6° 的纵列,从经度 180° 起,自西向东,每隔 6° 作为一个纵列,全球共分成 60 个纵列,依次编号为 1,2,…,60;同时,从赤道起分别向南北两方,纬度从 0°~88° 止,每隔 4° 作为一个横行,南北两半球各分成 22 个横行,依次编号为 A,B,…,V。以两极为中心,以纬度 88° 为界的圆,则用 Z 标明。一幅 1:100 万的地形图是由经差 6° 的经线和纬差 4° 纬线所围成的梯形,它的编号是用横行的字母和纵列的号数组成。例如在我国甲地的经度为东经 122°28′25″,纬度为北纬 39°54′30″,它所在的 1∶100 万的地形图的图幅编号为 J－51,如图 1－8。北半球和南半球的图幅,需分别在编号前加 N 或 S 予以区别。因我国领域全部位于北半球,故将 N 省去。

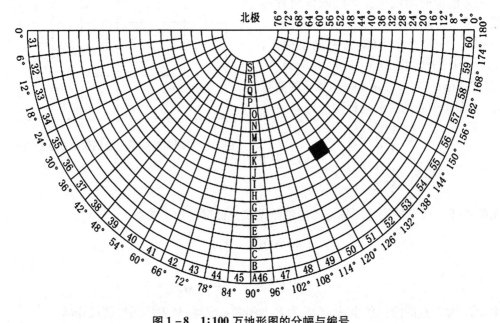

图 1－8　1∶100 万地形图的分幅与编号

(2)1∶10 万地形图的分幅与编号

将一幅 1∶100 万地形图按经差 30′、纬差 20′分成 144 幅 1∶10 万地形图,其编号是从左到右、从上到下,依次以序号 1,2,…,144 表示。例如,上述甲地所在的 1∶10 万地形图的编号为 J－51－5,如图 1－9。

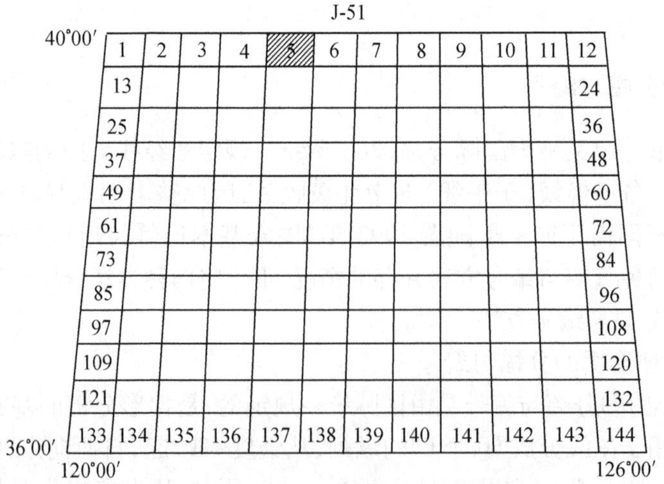

图 1－9　1∶10 万地形图的分幅与编号

(3)1:5 万和 1:2.5 万地形图的分幅与编号

将一幅 1:10 万地形图,按经差 15′、纬差 10′分成 4 幅 1:5 万地形图,其编号是从左到右、从上到下,依次以序号 A,B,C,D 表示。例如,上述甲地所在的 1:5 万地形图的编号为 J-51-5-B,如图 1-10。

将一幅 1:5 万地形图,按经差 7′30″、纬差 5′分成 4 幅 1:2.5 万地形图,其编号是从左到右、从上到下,依次以序号 1,2,3,4 表示。例如,上述甲地所在的 1:2.5 万地形图的编号为 J-51-5-B-4,如图 1-10。

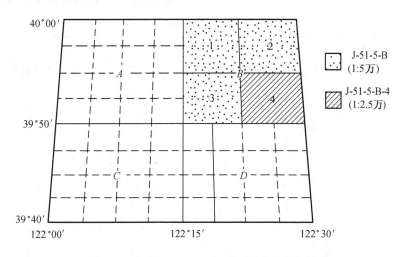

图 1-10　1:5 万、1:2.5 万地形图的分幅与编号

(4)1:1 万和 1:5 000 地形图的分幅与编号

将一幅 1:10 万地形图,按经差 3′45″、纬差 2′30″,分成 64 幅 1:1 万地形图,其编号是从左到右、从上到下,依次以序号(1),(2),…,(64)表示。例如,上述甲地所在的 1:1 万地形图的编号为 J-51-5-(24),如图 1-11。

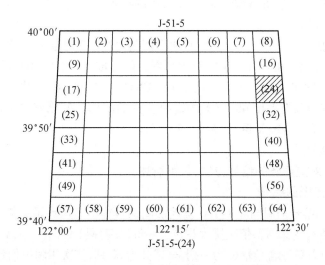

图 1-11　1:1 万地形图的分幅与编号

将一幅 1∶1 万地形图，按经差 152.5″、纬差 1′15″分成 4 幅 1∶5 000 地形图，其编号从左到右、从上到下，依次以序号 a，b，c，d 表示。例如，上述甲地在 1∶5 000 地形图的编号为 J－51－5－(24)－b，如图 1－12。

表 1－1 列出了各种比例尺地形图的图幅大小、梯形分幅与编号的方法。

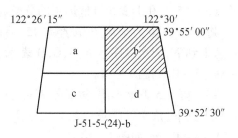

图 1－12　1∶5 000 地形图的分幅与编号

表 1－1　梯形分幅与编号表

比例尺	图幅大小		分幅方法		编号方法	
	纬度	经度	分幅基础	分幅数	序号	甲地所在图幅编号
1∶100 万	4°	6°			纬行 A－V，经列 1－60	J－51
1∶50 万	2°	3°	1∶100 万	4	A，B，C，D	J－51－A
1∶20 万	40′	1°	1∶100 万	36	[1]，[2]，…，[36]	J－51－[3]
1∶10 万	20′	30′	1∶100 万	144	1，2，…，144	J－51－5
1∶5 万	10′	15′	1∶10 万	4	A，B，C，D	J－51－5－B
1∶2.5 万	5′	7′ 30″	1∶5 万	4	1，2，3，4	J－51－5－B－4
1∶1 万	2′ 30″	3′ 45″	1∶10 万	64	(1)，(2)，…，(64)	J－51－5－(24)
1∶5 000	1′15″	1′ 52.5″	1∶1 万	4	a，b，c，d	J－51－5(24)－b

2. 新的梯形分幅与编号方法

上面介绍的梯形分幅与编号的方法，是最常用的地形图分幅与编号的方法，现有的地形图基本采用这些方法。但随着计算机绘图技术的迅猛发展，机助成图的逐渐普及，为适应这一变化和便于统一标准，国家技术监督局于 1992 年 12 月 17 日发布了中华人民共和国国家标准《国家基本比例尺地形图分幅和编号》，现介绍如下。

(1) 地形图的分幅

我国基本比例尺地形图均以 1∶100 万地形图为基础，按规定的经差和纬差划分图幅。1∶100 万地形图的分幅采用国际 1∶100 万地形图分幅标准。每幅 1∶100 万地形图的范围是经差 6°、纬差 4°；纬度 60°～76°之间为经差 12°、纬差 4°；纬度 76°～88°之间为经差 24°、纬差 4°。在我国范围内没有纬度 60°以上的需要合幅的图幅。各比例尺地形图的经纬差、行列数和图幅数成简单的倍数关系，如表 1－2 所示。

(2) 地形图的编号

新的分幅方法对应着新的编号方法，如下所述。

① 1∶100 万地形图的编号

1∶100 万地形图编号采用国际 1∶100 万地形图编号标准。从赤道起算，每隔纬差 4°为一行，至南、北纬 88°各分为 22 行，依次用大写拉丁字母（字符码）A，B，C，…，V 表示相应行号；从 180°经度起算，自西向东每隔经差 6°为一列，全球分为 60 列，依次用阿拉伯数字（数字码）1，2，3，…，60 表示相应列号。由经线和纬线所围成的每一个梯形小格为一幅 1∶100 万地形图，它们的编号由该图所在的行号与列号组合而成，如北京所在的 1∶100 万地形图的图号为 J50。

表1-2 地形图分幅表

比例尺		1:100万	1:50万	1:25万	1:10万	1:5万	1:2.5万	1:1万	1:5000
图幅范围	经差	6°	3°	1°30′	30′	15′	7′30″	3′45″	1′52.5″
	纬差	4°	2°	1°	20′	10′	5′	2′30″	1′15″
行列数量关系	行数	1	2	4	12	24	48	96	192
	列数	1	2	4	12	24	48	96	192
图幅数量关系		1	4	16	144	576	2 304	9 216	36 864
			1	4	36	144	576	2 304	9 216
				1	9	36	144	576	2 304
					1	4	16	64	256
						1	4	16	64
							1	4	16
								1	4

我国地处东半球和赤道以北,图幅范围在东经72°~138°、纬度0°~56°内,包括行号A,B,C,…,N的14行,列号为43,44,…,53的11列。

②1:50万~1:5 000地形图的编号

1:50万~1:5 000地形图的编号均以1:100万地形图编号为基础,采用行列编号方法。即将1:100万地形图按所含各比例尺地形图的纬差和经差划分成若干行和列,横行从上到下、纵列从左到右按顺序分别用三位阿拉伯数字(数字码)表示,不足三位者前面补零,取行号在前、列号在后的排列形式标记;各比例尺地形图分别采用不同的字符作为其比例尺的代码,见表1-3。1:50万至1:5 000地形图的图号均由其所在1:100万地形图的图号、比例尺代码和各图幅的行列号共十位码组成,如图1-13所示。

表1-3 比例尺代码表

比例尺	1:50万	1:25万	1:10万	1:5万	1:2.5万	1:1万	1:5000
代码	B	C	D	E	F	G	H

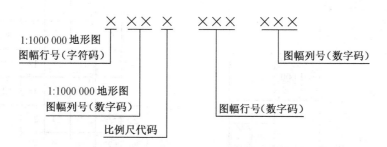

图1-13 新的梯形分幅与编号方法

例如,某点的地理坐标为东经114°33′45″和北纬39°22′30″,则该点所在1:50万地形图的图号为J508001001,所在1:25万地形图的图号为J50C001001,所在1:10万地形图的图号为J50D002002,所在1:5万地形图的图号为J50E004003,所在1:2.5万地形图的图号为J50F008005,所在1:1万地形图的图号为J50G015010,所在1:5 000地形图的图号为J50H030019。

1.2.2 正方形分幅与编号

工程建设中使用的大比例尺地形图常采用正方形分幅。正方形分幅的图幅大小和尺寸见表1-4。

表1-4 正方形图幅尺寸、分幅表

比例尺	图幅尺寸/cm	实地面积/km²	4 km²的图幅数
1:5 000	40×40	4	1
1:2 000	50×50	1	4
1:1 000	50×50	0.25	16
1:500	50×50	0.062 5	64

正方形分幅与编号一般采用西南角坐标公里数编号法、流水编号法等。

西南角坐标公里数编号,其图号均用该图幅西南角的坐标以km为单位表示,纵坐标在前、横坐标在后、中间用一短线连接,其中在1:500地形图上取至0.01 km,在1:1 000、1:2 000地形图上取至0.1 km。

图1-14是一幅编号为108.0-56.0的1:5 000地形图,其中1:2 000地形图编号为109.0-56.0,1:1 000地形图编号为108.5-57.0,1:500地形图编号为108.00-57.75。

对于一般小面积的测区,分幅与编号要本着从实际出发,根据用图单位的要求和意见,以达到测图、用图和管理方便为原则,通常采用流水编号法。流水编号法一般是从左至右、从上至下用阿拉伯数字编定。如图1-15所示,虚线表示测区范围,数字表示图号。

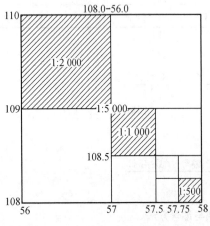

图1-14 正方形分幅与编号

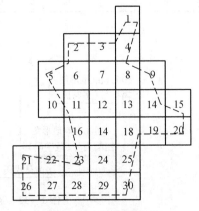

图1-15 流水编号法

1.3　地形要素的分类与编码

野外数据采集仅仅采集碎部点的位置(点的坐标信息)是不能满足计算机自动成图要求的,还必须将地物点的连接关系和地物属性信息(地物类别)记录下来。通常是用按一定规则构成的符号串来表示地物属性和连接关系等信息,这种有一定规则的符号串称为数据编码。数据编码的基本内容包括地物要素编码(或称地物特征码、地物属性码、地物代码)、连接关系码(或称连接点号、连接序号、连接线型)、面状地物填充码等。

1.3.1　国家标准地形要素分类与编码

按照《1∶500 1∶1 000 1∶2 000 外业数字测图规程》(GB/T 14912—2005)的规定,野外数据采集编码的总形式为:地形码 + 信息码。地形码是表示地形图要素的代码。

在《基础地理信息要素分类与代码》(GB/T 13923—2006)和《城市基础地理信息系统技术规范》(CJJ100—2004)中对比例尺为 1∶500、1∶1 000、1∶2 000 的代码位数的规定是 6 位十进制数字码,分别为按数字顺序排列的大类、中类、小类和子类码,具体代码结构如图 1 – 16 所示。左起第一位为大类码;第二位为中类码,是

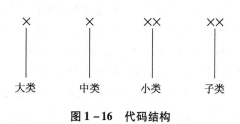

图 1 – 16　代码结构

在大类基础上细分形成的要素码;第三、第四位为小类码,是在中类基础上细分形成的要素码;第五、第六位为子类码,是在小类基础上细分形成的要素码。代码的每一位均用 0 ~ 9 表示,例如对于大类:1 为定位基础(含测量控制点和数学基础);2 为水系;3 为居民地及设施;4 为交通;5 为管线;6 为境界与政区;7 为地貌;8 为植被与土质。表 1 – 5 为 8 个大类中大比例尺成图中基础地理信息要素部分代码的示例。

表 1 – 5　1∶500、1∶1 000、1∶2 000 基础地理信息要素部分代码

分类代码	要素名称	分类代码	要素名称
100000	定位基础	310000	居民地
110000	测量控制点	310100	城镇、村庄
110101	大地原点	310300	普通房屋
……	……	310500	高层房屋
110103	图根点	310600	棚房
110202	水准点	311002	地下窑洞
110300	卫星定位控制点	340503	邮局
……	……	380201	围墙
300000	居民地及设施	380403	凉台

1.3.2　全要素编码方案

全要素编码通常是由若干个十进制数组成,其中每一位数字按层次分,都具有特定的含义,有的采用五位,有的采用六位、七位、八位,甚至采用十一位编码。各种编码都有各自的特点,但一般都是用其中三位表示地物编码,将一些不是最基本的、规律的连接及绘图信息都纳入其他位编码。

如五位数字编码规定前三位为整数,后两位为小数。整数为地物编码,且自定义地物的类别,如把常用的地物分为点、建筑物、圆形物、地面线状地物、地上(高空)线状地物及独立地物六大类;二位小数则用来进一步说明地物的方向或流向、楼层等。

CASS 数字测图系统的编码主要参照《1∶500 1∶1 000 1∶2 000 地形图图式》(GB/T 7929—1995)的章节号为所有的地形符号进行编码。编码统一为 6 位数字,其规则是"1(或2,3) + 图式序号 + 顺序号 + 次类号"。其中 3 ~ 9 章的内容第一位数字为 1,10 ~ 12 章的内容第一位数字为 2,对于地籍测量的内容第一位数字为 3;"图式序号"指 GB/T 7929—1995版中符号的章节号(去除点),如三角点章节为 3.1.1,则其图式序号为 311,示坡线的章节号为 10.1.3,则其图式序号为 013;"顺序号"为此类符号顺序号,从零开始;"次类号"指同一图式章节号中不同图式符号,从零开始。如简单房屋、陡坎(未加固)、水井在图式上的章节号分别为 4.1.2,10.4.2,8.5.1,CASS 赋予它们的编码分别为 141200,204201,185102。因为在图式的 8.5.1 下又将水井划分为依比例尺的水井和不依比例尺的水井,所以 CASS 依比例尺的水井编号为 185101,不依比例尺的水井编号为 185102。对于有辅助符号位的编码,在其骨架线编码后加" – 顺序号",如围墙辅助符号位的边线编码为 144301 – 1,围墙辅助符号位的短线编码为 144301 – 2。

全要素编码方式的优点是各点编码具有唯一性,计算机易识别与处理,但外业直接编码输入较困难。目前,多数测图系统采用图标菜单自动给出地形符号编码,即选定屏幕菜单的绘图图标,就给定了对应的地形符号编码。

1.3.3　简编码方案

由于国家标准地形要素分类与编码推出得比较晚,且记忆与使用不方便,目前的数字测图系统多采用以前各自设计的编码方案,其中简编码就是比较实用易行的方案。

简编码是在野外作业时仅输入简单的提示性编码,经内业简码识别后,自动转换为程序内部码。南方 CASS 测图系统的有码作业模式,便是一个有代表性的简码输入方案。CASS 系统的野外操作码(也称为简码或简编码)可区分为类别码(表 1 – 6)、关系码(表 1 – 7)和独立符号码(表 1 – 8)3 种,每种只由 1 ~ 3 位字符组成。其形式简单、规律性强、易记忆,并能同时采集测点的地物要素和拓扑关系,能够适应多人跑尺(镜)、交叉观测不同地物等复杂情况。

1. 类别码

类别码(亦称地物代码或野外操作码)如表 1 – 6 所示,是按一定的规律设计的,不需要特别记忆。类别码有 1 ~ 3 位,第一位是英文字母,大小写等价,后面是范围为 0 ~ 99 的数字,如代码 F0,F1,F2,…,F6 分别表示坚固房、普通房、一般房屋……简易房。F 取"房"字的汉语拼音首字母,0 ~ 6 表示房屋类型由"主"到"次"。另外,K0 表示直折线型的陡坎,U0表示曲线型的陡坎,X1 表示直折线型内部道路,Q1 表示曲线型内部道路。由 U,Q 的外形很容易想象到曲线。类别码后面可跟参数,如野外操作码不到 3 位,与参数间应有连接符

"-",如有3位,后面可紧跟参数,参数有下面几种:控制点的点名、房屋的层数、陡坎的坎高等,如 Y012.5 表示以该点为圆心,半径为 12.5 m 的圆。

表1-6 类别码符号及含义

类型	符号及含义
坎类(曲)	K(U)+数(0—陡坎,1—加固陡坎,2—斜坡,3—加固斜坡,4—垄,5—陡崖,6—干沟)
线类(曲)	X(Q)+数(0—实线,1—内部道路,2—小路,3—大车路,4—建筑公路,5—地类界,6—乡、镇界,7—县、县级市界,8—地区、地级市界,9—省界线)
垣栅类	W+数(0,1—宽为 0.5 m 的围墙,2—栅栏,3—铁丝网,4—篱笆,5—活树篱笆,6—不依比例围墙,不拟合,7—不依比例围墙,拟合)
铁路类	T+数[0—标准铁路(大比例尺),1—标(小),2—窄轨铁路(大),3—窄(小),4—轻轨铁路(大),5—轻(小),6—缆车道(大),7—缆车道(小),8—架空索道,9—过河电缆]
电力线类	D+数(0—电线塔,1—高压线,2—低压线,3—通信线)
房屋类	F+数(0—坚固房,1—普通房,2——般房屋,3—建筑中房,4—破坏房,5—棚房,6—简易房)
管线类	G+数[0—架空(大),1—架空(小),2—地面上的,3—地下的,4—有管堤的]
植被土质	拟合边界 B+数(0—旱地,1—水稻,2—菜地,3—天然草地,4—有林地,5—行树,6—狭长灌木林,7—盐碱地,8—沙地,9—花圃)
	不拟合边界 H+数(同上)
圆形物	Y+数(0—半径,1—直径两端点,2—圆周三点)
平行体	P+[X(0~9),Q(0~9),K(0~6),U(0~6),…]
控制点	C+数(0—图根点,1—埋石图根点,2—导线点,3—小三角点,4—三角点,5—土堆上的三角点,6—土堆上的小三角点,7—天文点,8—水准点,9—界址点)

2. 关系码

关系码(亦称连接关系码),共有4种符号:"+""-""A $"和"P"配合来描述测点间的连接关系。其中"+"表示连接线依测点顺序进行;"-"表示连接线依测点相反顺序进行连接,"P"表示绘平行体;"A $"表示断点识别符,如表1-7所示。

表1-7 连接关系码的符号及含义

符号	含 义
+	本点与上一点相连,连线依测点顺序进行
-	本点与下一点相连,连线依测点顺序相反方向进行
n+	本点与上 n 点相连,连线依测点顺序进行
n-	本点与下 n 点相连,连线依测点顺序相反方向进行
p	本点与上一点所在地物平行
np	本点与上 n 点所在地物平行
+A $	断点标志符,本点与上点连
-A $	断点标志符,本点与下点连

3. 独立符号码

对于只有一个定位点的独立地物,用 A×× 表示,如表 1 - 8 所示,如 A14 表示水井,A70 表示路灯等。

表 1 - 8　部分独立地物(点状地物)编码及符号含义

符号类别	编码及符号名称				
水系设施	A00 水文站	A01 停泊场	A02 航行灯塔	A03 航行灯桩	A04 航行灯船
	A05 左航行浮标	A06 右航行浮标	A07 系船浮筒	A08 急流	A09 过江管线标
	A10 信号标	A11 露出的沉船	A12 淹没的沉船	A13 泉	A14 水井
居民地	A16 学校	A17 废气池	A18 卫生所	A19 地上窑洞	A20 电视发射塔
	A21 地下窑洞	A22 窑	A23 蒙古包		
公共设施	A68 加油站	A69 气象站	A70 路灯	A71 照射灯	A72 喷水池
	A73 垃圾台	A74 旗杆	A75 亭	A76 岗亭、岗楼	A77 钟楼、鼓楼、城楼
	A78 水塔	A79 水塔烟囱	A80 环保监测站	A81 粮仓	A82 风车
	A83 水磨房、水车	A84 避雷针	A85 抽水机站	A86 地下建筑物天窗	
……	……				

1.3.4　其他编码方案

块结构编码将整个编码分成几个部分,如分为点号、地形编码、连接点和连接线型四部分,分别输入。其中,地形编码是参考图式的分类,用 3 位整数将地形要素分类编码,每一个地形要素都赋予一个编码,使编码和图式符号一一对应。如:100 代表测量控制点类;104 代表导线点;200 代表居民地类,又代表坚固房屋;210 代表建筑中的房屋。清华山维的 EPSW 测绘系统就是采用这种数据编码。由于每个测点都要输入地形编码,需要绘图员较熟练地记住地形编码,这给绘图员带来一定困难(尽管采用了"无记忆编码"输入法)。

二维编码方案是在 GB/T 14804—1993 规定的地形要素代码的基础上进行了扩充,以反映图形的框架线、轴线、骨架线、标志点(Label 点)等。它对地形要素进行了更详细的描述,一般由 6 ~ 7 位代码组成。二维编码没有包含连接信息,连接信息码由绘图操作顺序反映。二维编码数位多,观测员很难记住这些编码,故广州开思 SCS G2000 测图系统的电子平板采用无码作业。测图时对照实地现场利用屏幕菜单、绘图专用工具或用鼠标提取地物属性编码,绘制图形。

1.4　地形图的辅助内容

地形图的内容十分丰富,其中图幅以内的内容主要是由地物与地貌组成,是地形图的主体部分。地物在地形图上是以各种地物符号表示,地貌在地形图上是以等高线和高程注记表示的,图幅内的内容将在第 5 章进行详细介绍。

为了能正确地使用地形图,除了要对地形图中的自然地理要素和社会经济要素进行阅读和分析外,对地形图上的其他内容(图幅外)也必须有全面的了解。

1. 图名和图号

图名是用本幅图内最著名的地名来命名的。图号是按统一分幅进行编号的。图名和图号注记在北图廓外的正中央。例如,图名"长安集",图号 L – 51 – 144 – D4。

2. 比例尺

地形图的比例尺以数字比例尺和直线比例尺表示,注在南图廓下的正中央。

3. 图廓线

图廓线分为内图廓、外图廓和分度带(又叫经纬廓)三部分。

(1)内图廓是一幅图的测图边界线,图内的地物、地貌都测至该边线为止。梯形图幅的内图廓由上下两条纬线和左右两条经线构成。对于通过内图廓的重要地物(如道路、河流、境界线)和跨图廓的村庄,都在图廓间注明。内图廓四个角点的经纬度分别注记在图廓线旁。经度的度数注在经线的左侧,分秒数注在经线的右侧;纬度的度数注在纬线的上面,分秒数注在纬线的下面。例如,左下角的经度为 125°52′30″,纬度为 44°00′。

(2)外图廓为图幅的最外边界线,以粗黑线描绘,它是作为装饰美观用的。外图廓线平行于内图廓线。

(3)分度带绘于内、外图廓之间。它画成若干段黑白相间的线条。在 1∶1 万~1∶10 万比例尺地形图上,每段黑线或白线的长度就是经度或纬度 1′的长度。利用图廓两对边的分度带,即可建立起地理坐标格网,用来求图内任意点的地理坐标值与任一直线的真方向。

4. 公里格网

内图廓中的方格网就是平面直角坐标格网。由于它们之间的间隔是整公里数,因而叫公里格网。分度带与内图廓间的数字注记,即是相应的平面直角坐标值。例如,一幅图最南横线的纵坐标值 4 879,表示该横线距离赤道是 4 879 km,其余横线的注记均略去 48;最西边第一条纵线的横坐标值 21 731,其余的纵线注记均略去 217。其中 21 表示本幅图所在的投影带号,731 表示该纵线位于中央子午线以东 231 km。利用直角坐标格网,可以求图内任意点的直角坐标与任一直线的坐标方位角。

如果图幅位于投影带的东西边缘,要在外图廓线上加绘邻带坐标网短线,并注出邻带坐标值。

5. 坡度尺

有些地形图在南图廓下方左侧绘有坡度尺,它是用来量两条(或六条)等高线间地面倾斜角或坡度的。

坡度尺的用法:把两脚规张开,在地形图上量取相邻两条(或六条)等高线的平距,然后将两脚规与各垂线比较,即可读出相应的度数。

6. 三北关系

有些地形图,尤其是小比例尺地形图南图廓下方绘出了真子午线、磁子午线及坐标纵线的三北关系示意图。利用三北关系图可以对图上任意直线的真方位角、磁方位角和坐标方位角进行相互换算。

7. 磁北标志

在地形图的南北内图廓线上,各绘有一个小圆圈,分别注有磁北(P')和磁南(P)。这两点的连线为该图幅的磁子午线方向,用来作磁针定向。

8. 接图表和接合图号

地形图图廓外左上角的九个小方格称为接图表,其中间一格绘有晕线代表本幅图,相邻方格分别注明了相邻图幅的图名,按接图表可以很方便地拼接邻图。

地形图上的接合图号注记在图幅四周外图廓的中部,使用者根据接合图号可以迅速找到与本图幅相邻接的有关地形图。

9. 其他

除了以上内容外,地形图底边右下角还有一些重要的信息,分述如下:

(1)测图日期

例如,1998 年 1 月数字成图,表明此图成图方法是通过数字测图法成图,成图时间是 1998 年 1 月,从此信息中可了解该图的测图方法,也表明这以后地面的变化图上没有反映。

(2)坐标系和高程系

以前国家基本图采用 1954 年北京坐标系和 1956 年黄海高程系;现在一般采用"1980 西安坐标系"和"1985 国家高程基准";当然部分大比例尺地形图还可能采用假定直角坐标系和假定高程测绘。

(3)等高距

说明本图勾绘等高线的基本等高距。

(4)图式版本

说明地形图内地物符号采用的图式版本,是为了使用者在阅读地形图时参阅相关的地形图图式。

此外,还注有保密等级和测图机关、测量员、绘图员、检查员等信息,供使用者参考。

1.5　比　例　尺

1.5.1　地形图的比例尺

地形图上任一线段的长度与地面上相应线段的水平长度之比,称为地形图的比例尺。目前数字化地形图中比例尺的概念已经淡化。每个点的坐标在计算机上是准确的,只有绘成图纸时,才进行比例尺的设置。

1. 比例尺的种类

比例尺一般分为数字比例尺和图示比例尺。数字比例尺简单明了、便于计算,图示比例尺可以避免因图件变形而产生的应用误差。

2. 数字比例尺

数字比例尺一般用分子为 1 的分数式表示。设图上某一直线的长度为 d,地面上相应

的水平长度为 D，则图的比例尺为：$d/D = 1/M$，式中 M 为比例尺分母。

如果图上 1 mm 代表地面上水平长度 10 m 时，则该图的比例尺就是 1/10 000，通常写成 1∶10 000。比例尺的大小就是以比例尺的比值来衡量的，比例尺的分母愈大，比例尺愈小；反之，分母愈小，则比例尺愈大。

地形图一般分为小比例尺地形图、中比例尺地形图和大比例尺地形图。通常称 1∶100 万、1∶50 万、1∶20 万的地形图为小比例尺地形图；1∶10 万、1∶5 万、1∶2.5 万的为中比例尺地形图；1∶1 万、1∶5 000、1∶2 000、1∶1 000 和 1∶500 的为大比例尺地形图。按照地形图图式规定，比例尺书写在图幅下方正中处。地籍图的比例尺一般为 1∶500、1∶1 000 和 1∶2 000。

1.5.2　比例尺的精度

人们总希望，地形图绘制的越详细越好，但是，从地形图的绘制到使用，都受到人眼生理能力的限制。一般认为，人眼的最小分辨角为 60″~120″，而最佳明视距为 30 cm。通常认为正常眼睛的分辨能力是 0.1 mm；而从地形图上量取长度，最多也只能精确到图上的 0.1 mm，因此图上 0.1 mm 是人们绘图和用图的实际限制。由于地形图的比例尺不同，图上的 0.1 mm 所表示实地长度亦不同，因此地形图的实际精度与地形图的比例尺有关。

地形图上 0.1 mm 所表示的实地水平长度，称为比例尺的精度。根据比例尺的精度，可以确定在测图时量距应准确到什么程度。例如，测绘 1∶500 比例尺地形图时，其比例尺的精度为 0.1 mm×500 = 0.05 m，因此，量取碎部点距的精度只需 0.05 m，小于 0.05 m 在图上表示不出来。当规定了表示于图上的实地最短长度时，根据比例尺精度，可以确定测图比例尺。例如，欲表示图上最短线段长度为 0.2 m，则应采用的比例尺不得小于 0.1 mm/0.2 m = 1/2 000。

表 1-9 给出了不同测图比例尺的比例尺精度。从表中可以看出，比例尺越大，表示地物和地貌的情况越详细，精度就越高。反之，比例尺越小，表示的地表情况就越简略，精度就越低。但是，测图比例尺与测图工作量、总成本密切相关。同一测区，采用较大比例尺测图比采用较小比例尺测图，其工作量和投资要增加数倍。因此，采用哪一种比例尺测图，应从实际需要出发。

表 1-9　测图比例尺与比例尺精度

比例尺	1∶500	1∶1 000	1∶2 000	1∶5 000
比例尺精度/m	0.05	0.10	0.20	0.50

1.5.3　比例尺与图幅面积

实际应用中正方形的图幅最常用，因此分幅一般按一分为四的原则，一幅 1∶5 000 正方形分幅的地形图分成四幅 1∶2 000 的地形图，一幅 1∶2 000 的地形图分成四幅 1∶1 000 的地形图，一幅 1∶1 000 的地形图分成四幅 1∶500 的地形图，如图 1-17 所示。各种比例尺的图幅大小见表 1-10。

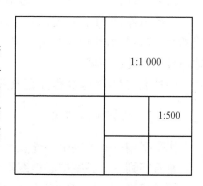

图 1-17　正方形图幅分幅

表 1 – 10　矩形分幅和正方形分幅面积一览表

比例尺	矩形分幅		正方形分幅		
	图幅大小/ cm × cm	实地面积/ km × km	图幅大小/ cm × cm	实地面积/ km × km	一幅 1∶5 000 的图所含幅数
1∶5 000	50 × 40	5	40 × 40	4	1
1∶2 000	50 × 40	0.8	50 × 50	1	1
1∶1 000	50 × 40	0.2	50 × 50	0.25	16
1∶500	50 × 40	0.05	50 × 50	0.0 625	64

1.6　图 形 注 记

用文字、数字或特定符号,对地物、地貌加以进一步说明,称为图形注记。图形中的注记是图形的基本内容之一,其作用在于指明地物的专门名称和具体特征,以补充符号的不足,是判读和使用地形图的直接依据。如一幅图只有符号而无注记,它仅能给人一个笼统的概念,而不能使之了解具体事物的特征,因此,图上必须有足够的注记。注记一般分为名称注记、说明注记和数字注记三种。名称注记是用文字来注明相应符号的专有名称,如居民地(县、乡、镇政府驻地、行政村、自然村名称)、山名、河流、道路、单位的名称;说明注记是用来补充相应符号的不足,以简注形式说明某一特定的事物。如矿井符号旁加"煤"字,这就明确指出是煤矿矿井而不是盐矿矿井;数字注记是用数字指出图上某要素的数量特征,如点的高程、水深、物体的比高等。

1.6.1　注记

居民地名称,一般采用水平字列、接近字隔、正向排列。根据居民地的图形情况也可以采用垂直字列或雁形字列,以普通字隔正向排列。

各种注记、名称说明注记是指机关、工矿企业、学校、控制点名、特殊地区名称和自然保护区名等,按等级大小和主次选用相应大小注记;性质说明注记是指各种地物及管线的属性注记(如煤、铁、水、石油等);土质和植被的种类及品名注记(如松、苹、草坪、苇、岩等);各种大面积土质植被采用注记时的说明;各种材料注记及特殊情况说明等。

山名,指山、山梁、高地、山隘等名称视规范大小注出。

水系名称,指江、河、湖、海、水库、沟渠等的名称,依其主次、长度不同和面积大小选用适当的字,按自然形状排列注出。河流、沟渠名称一般在图上每隔 15～20 cm 注记一处;河源地用最小字注出河名。

各种数字注记,指高程注记及其他数字注记,按相应字选用。

1.6.2　注记排列形式

水平字列——各字中心连线平行于南、北图廓,由左向右排列;

垂直字列——各字中心连线垂直于南、北图廓,由上而下排列;

雁行字列——各字中心连线为直线且斜交于南北图廓,排列顺序如图 1 – 18 所示;

屈曲字列——各字字边垂直或平行于线状地物,且依线状地物的弯曲形状而排列。

1.6.3　注记字向

各种注记一般为正向,字头朝向北图廓,但街道名称、河名、道路注记、管线类别注记的字向和字序如图 1－18 所示。

1.6.4　注记字隔

接近字隔——各字间隔由 0.5～1 mm;

普通字隔——各字间隔由 1～3 mm;

隔离字隔——各字间隔为字大的 1～5 倍。

图 1－18　注字方向

各种注记的字义、字体、字级、字向、字序、字位应准确无误,间隔应均匀相等,一般应根据所指地物的面积和长度妥善配置。

1.7　两点间距离、方向与坐标的关系

在测量工作中通常需要确定地面上点与点之间的平面位置相对关系,仅有水平距离还不够,除距离外,还应确定直线间的角度关系和直线的方向。确定一条直线的方向首先要选定一标准方向线,作为直线定向的依据。

1.7.1　直线定向

确定直线与标准方向线之间关系的工作称为直线定向。直线与标准方向之间的关系,通常是以该直线与标准方向线之间的水平夹角来表示。

1. 标准方向

在测量工作中通常以真子午线、磁子午线和坐标纵轴方向作为标准方向。

(1)真子午线方向

过地面上某点真子午线的切线方向,称为该点的真子午线方向。真子午线方向可用天文观测方法和陀螺经纬仪测定。

(2)磁子午线方向

过地面上某点磁子午线的切线方向,称为该点的磁子午线方向,也就是磁针在自由静止时其轴线所指的方向。磁子午线方向一般用罗盘仪或磁针结合经纬仪测定。

由于地球南北磁极与地理南北极不重合,所以地面上某点的磁子午线方向与真子午线方向不一致。其两方向间的夹角称为磁偏角,用 δ 表示。当磁子午线北端在真子午线以东时,称为东偏,δ 取正值;在真子午线以西时,称为西偏,δ 取负值,如图 1－19 所示。

地球上不同的地点的磁偏角是不同的,我国领域内的磁偏角大约在 －10°～＋6° 之间。

(3)坐标纵轴方向

直角坐标纵轴所指的北方向,称为坐标纵轴方向。当采用高斯平面直角坐标系时,坐标纵轴的方向就是中央子午线的北方向。

地面上各点的真子午线方向,一般来说并不平行。两地面点真子午线方向间的夹角,称为该两点子午线收敛角,常以 γ 表示,其值为

$$\gamma = \Delta L \sin\varphi$$

$$\tag{1－23}$$

式中　ΔL——两点间的经度差；

　　　　φ——两点间的纬度平均值。

在高斯平面直角坐标系中,子午线收敛角被定义为某点真子午线方向与坐标纵轴方向间的夹角,实际上就是该点的真子午线方向与中央子午线间的收敛角。由图 1-20 可以看出,离中央子午线越远的地面点,其子午线收敛角越大。为了运算方便,规定在中央子午线以东地区的子午线收敛角为正,以西地区的子午线收敛角为负。

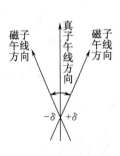

图 1-19　磁偏角

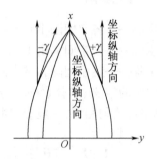

图 1-20　子午线收敛角

2. 直线方向的表示方法

直线的方向常用方位角或象限角来表示。

(1)方位角

由标准方向的北端顺时针量至某一直线的水平角,称为该直线的方位角。方位角的取值范围为 $0° \sim 360°$。由于选用的标准方向不同,方位角又分为真方位角、磁方位角和坐标方位角。

①以真子午线作为标准方向的方位角,称为真方位角,用 A 表示。

②以磁子午线作为标准方向的方位角,称为磁方位角,用 m 表示。

③以坐标纵轴作为标准方向的方位角,称为坐标方位角,用 α 表示。

根据上述 δ 和 γ 正负号的有关规定,由图 1-21 可得真方位角、磁方位角和坐标方位角之间的关系为

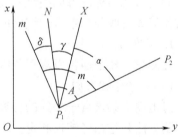

图 1-21　三种方位角的关系

$$\left.\begin{array}{l}A = m + \delta \\ A = \alpha + \gamma \\ \alpha = m + \delta - \gamma\end{array}\right\}\qquad(1-24)$$

式中 δ 和 γ 本身应带有正负号。

由方位角的定义可知,直线 P_1P_2 的方位角和直线 P_2P_1 的方位角是不同的,其两者互称为正、反方位角。如图 1-22 所示,由于过 P_1,P_2 两点的真子午线方向不平行,故正、反真方位角之间存在下列关系

$$A_{12} = A_{21} \pm 180° \pm \gamma \qquad(1-25)$$

坐标方位角是平行于坐标纵轴的方向为标准方

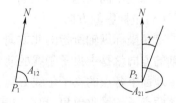

图 1-22　正、反真方位角的关系

向,故一直线的正、反坐标方位角的关系为

$$\alpha_{12} = \alpha_{21} \pm 180° \qquad (1-26)$$

可利用式(1-26)进行正、反坐标方位角的转换。当 $\alpha_{21} > 180°$ 时, $\alpha_{12} = \alpha_{21} - 180°$;反之,当 $\alpha_{21} < 180°$ 时, $\alpha_{12} = \alpha_{21} + 180°$。

（2）象限角

有时也可用象限角来表示直线的方向,从标准方向的北端或南端起,顺时针或逆时针方向量至某一直线的锐角,称为该直线的象限角。一般用 R 表示,其取值范围为 $0° \sim 90°$。用象限角表示直线的方向,不仅要注明角度数值的大小,还要标明角度的偏转方向。如某直线的象限角可表示为北偏东 $40°$,说明从标准方向的北端向东偏转 $40°$ 就是该直线的方向,如图 1-23 所示。

图 1-23　象限角

象限角在地质勘察中常用来表示岩层走向,在测绘中很少用到。当采用罗盘确定象限角时,实际采用的标准方向为磁北或磁南方向。

1.7.2　坐标正算和反算

平面上点与点的位置关系,可以用它们的直角坐标来表示,也可以用两点间的水平距离和方向来表示。实际上二者之间具有内在的联系。

如图 1-24,设 A,B 两点间的水平距离为 D_{AB}, AB 边的坐标方位角为 α_{AB}; A 点的坐标为 x_A,y_A; B 点的坐标为 x_B,y_B。则 A,B 两点的坐标差

$$\left. \begin{array}{l} \Delta x_{AB} = x_B - x_A \\ \Delta y_{AB} = y_B - y_A \end{array} \right\} \qquad (1-27)$$

测量上称 Δx_{AB} 为 A,B 两点的纵坐标增量, Δy_{AB} 为 A,B 两点的横坐标增量。

1. 坐标正算

根据已知点的坐标,利用水平距离 D_{AB} 和方位角 α,计算坐标增量和未知点的坐标称为坐标正算。在图 1-24 中,按三角形几何公式可得

$$\left. \begin{array}{l} \Delta x_{AB} = D_{AB}\cos\alpha_{AB} \\ \Delta y_{AB} = D_{AB}\sin\alpha_{AB} \end{array} \right\} \qquad (1-28)$$

若 A 点坐标已知, B 点坐标未知,则有

$$\left. \begin{array}{l} x_B = x_A + D_{AB}\cos\alpha_{AB} \\ y_B = y_A + D_{AB}\sin\alpha_{AB} \end{array} \right\} \qquad (1-29)$$

2. 坐标反算

根据某一线段两端点的平面直角坐标,计算两点间的水平距离和该直线坐标方位角,称为坐标的反算。由图 1-24 可得

$$D_{AB} = \sqrt{\Delta x_{AB}^2 + \Delta y_{AB}^2} = \sqrt{(x_B - x_A)^2 + (y_B - y_A)^2} \qquad (1-30)$$

$$\tan\alpha_{AB} = \frac{\Delta y_{AB}}{\Delta x_{AB}} = \frac{y_B - y_A}{x_B - x_A} \qquad (1-31)$$

设由式(1-31)经反正切而得出的角值为 α。但 α 并不一定是直线 AB 的坐标方位角 α_{AB},应根据纵坐标增量 Δx_{AB} 的正、负及 α 的正、负加以判断,再求出 α_{AB},方法如下:

（1）当 $\Delta x_{AB} > 0$ 时,若 $\alpha > 0$,则 $\alpha_{AB} = \alpha$;若 $\alpha < 0$,则 $\alpha_{AB} = \alpha + 360°$。

（2）当 $\Delta x_{AB} < 0$ 时，$\alpha_{AB} = \alpha + 180°$。

坐标的正算和反算是测量中最基本的计算之一，在测图和施工放样中经常使用。

例1 已知直线 AB 的起点 A 的坐标为 $x_A = 500.000$ m，$y_A = 500.000$ m，终点 B 的坐标为 $x_B = 563.714$ m，$y_B = 432.628$ m，求该线段的水平距离 D_{AB} 及其坐标方位角 α_{AB}。

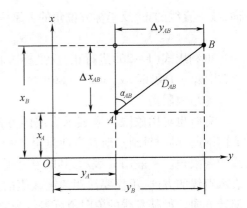

图1-24 距离、方向与坐标的关系

解　$\Delta x_{AB} = x_B - x_A = 63.714(\text{m})$

$\Delta y_{AB} = y_B - y_A = -67.372(\text{m})$

$D_{AB} = \sqrt{\Delta x_{AB}^2 + \Delta y_{AB}^2} = 92.728(\text{m})$

$\alpha = \tan^{-1}\dfrac{\Delta y_{AB}}{\Delta x_{AB}} = -46°35'54''$

因 $\Delta x > 0$，且 $\alpha < 0$，故 $\alpha_{AB} = -46°35'54'' + 360° = 313°24'04''$。

第2章　数字测图硬件设备

数字测图系统的硬件主要有数据采集设备(如全站仪、GPS 接收机、数字化仪等)、数据处理设备(如计算机)和输入输出设备(如扫描仪、打印机、绘图仪等)。本章主要介绍数字测图系统硬件的基本知识及其使用。

2.1　全站仪结构及其测量原理

2.1.1　全站仪的基本功能及部件名称

全站仪是在电子经纬仪和电子测距技术基础上发展起来的一种智能化测量仪器,是由电子测角、电子测距、电子计算机和数据存储单元等组成的三维坐标测量系统,测量结果能自动显示,并能与外围设备交换信息的多功能仪器。由于该仪器能较完善地实现测量和处理过程的一体化,所以人们称之为全站型电子速测仪,简称全站仪。随着信息时代的到来,世界上主要测量仪器公司每年都有新型号的产品出现,使得全站仪的功能与性能不断增强,得到了广大测量员的青睐和认可。目前的全站仪大都能够存储测量结果,并能进行大气改正、仪器误差改正和数据处理,有丰富的应用程序,如数据采集、施工放样、导线测量、偏心观测、悬高测量、对边测量、自由设站等。有些全站仪还具有自动调焦、免棱镜测距及自动跟踪功能。

全站仪的种类很多,目前常见的全站仪有瑞士徕卡的 TC 系列、日本拓普康的 GPT 系列、日本索佳的 SET 系列、日本尼康 DTM 系列、日本宾得 PTS 系列、中国南方 NTS 系列等十几种品牌。各类全站仪的外形大致相同,有照准部、基座和度盘三大部件。照准部上有望远镜、水平竖直制动与微动螺旋、管水准器、圆水准器、光学对中器等。另外,仪器正反两侧大都有液晶显示器和操作键盘。全站仪部件名称如图 2 - 1 所示。

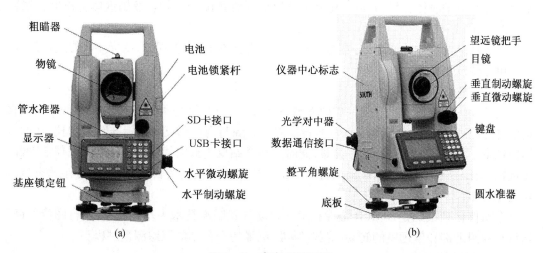

(a)　　　　　　　　　　　　　　　　(b)

图 2 - 1　南方 NTS360R

(a)外形及部件正面;(b)外形及部件侧面

2.1.2　全站仪的基本结构

全站仪的基本结构如图2-2所示,其基本技术装备包括光电测角系统、光电测距系统、双轴液体补偿装置和微处理器(测量计算系统)。有些自动化程度高的全站仪还有自动瞄准与跟踪系统。全站仪通过按照一定的有序操作,测量并自动计算来实现每一专用设备的功能。

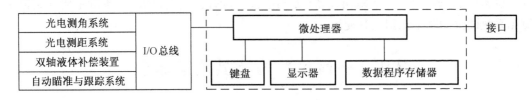

图2-2　全站仪的基本结构

1. 光电测量系统

全站仪有两大光电测量系统,即光电测角系统和光电测距系统,它是全站仪的技术核心。电子测角系统的机械转动部分及光学照准部分与一般光学经纬仪基本相同,其主要区别在于电子测角采用电子度盘而非光学度盘。光电测距机构与普通电磁波测距仪相同,与望远镜集成在一起。光电测角系统与光电测距系统使用共同的光学望远镜,使得角度和距离测量只需照准一次。光电测量系统通过I/O接口与微处理器联系在一起,控制着光电测角、测距系统,并实时处理数据。

在现代全站仪的光电测距系统中,有的还具有无(免)棱镜激光测距技术,它是在测距时将激光(可见或不可见)射向目标,经目标表面漫反射后,测距仪接收到漫反射光而实现距离测量。目前,无棱镜测距范围,由于受漫反射信号衰减的影响,无棱镜时测程一般在200 m左右,个别全站仪目前能够达到1 200 m。

2. 双轴液体补偿装置

由于竖轴不严格铅垂,对角度的影响无法通过一测回取平均来消除,一些较高精度的全站仪都装有双轴液体补偿器,以补偿竖轴倾斜对观测角度的影响。双轴液体补偿器补偿范围一般在3′以内。

除双轴光电液体补偿之外,有的全站仪还具有视准差、横轴误差、指标差等修正功能,以提高单盘位观测精度。

3. 自动瞄准与跟踪系统

全站仪正朝着测量机器人的方向发展,自动瞄准与跟踪是重要的技术标志。全站仪自动瞄准的原理是用CCD摄像机获取棱镜反射器影像与内存的反射器标准图像比较,获取目标影像中心与内存图像中心的差异量,同时启动全站仪内部的伺服电机转动全站仪照准部、望远镜,减少差异量,实现正确瞄准目标。比较与调整是反复的自动过程,同时伴随有自动对光等动作。

全站仪自动跟踪是以CCD摄像技术和自动寻找瞄准技术为基础,自动进行图像判断,指挥自身照准部和望远镜的转动、寻找、瞄准、测量的全自动的跟踪测量过程。

4. 测量计算系统

全站仪是测量光电化技术与微处理技术的有机结合,图2-2右半部(虚线框内)实际是全站仪配有的微处理系统,它是全站仪的核心部件,如同计算机的 CPU,由它来控制和处理电子测角、测距的信号,控制各项固定参数,如温度、气压等信息的输入、输出,还由它进行设置观测误差的改正、有关数据的实时处理及自动记录数据或控制电子手簿等。微处理器通过键盘和显示器指挥全站仪有条不紊地进行光电测量工作。

2.1.3　电子测角原理

电子经纬仪的测角系统一般分为三大类,即编码度盘测角系统、增量式光栅度盘测角系统和动态光栅度盘测角系统。

1. 编码度盘测角原理

在玻璃圆盘上刻画几个同心圆带,每个环带表示一位二进制编码,称为码道。如果再将全圆划成若干扇区,则每个扇形区有几个梯形,如果每个梯形分别以"亮"和"黑"表示"0"和"1"的信号,则该扇形可用几个二进制数表示其角值。例如,用 4 位二进制表示角值,则全圆只能刻成 $2^4 = 16$ 个扇形,则度盘刻画值为 $360°/16 = 22.5°$,编码度盘如图 2 – 3 所示。

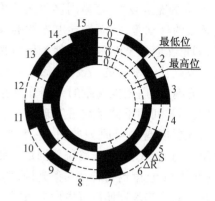

图 2 – 3　编码度盘

由于度盘刻制工艺上存在公差或光电接收管安装不严格,有时会使测量出现大的粗差。如 4 个码道的度盘,有 16 个扇区,第 0 状态可能为 0000,而第 15 状态可能为 1111,它们是相邻的。由于刻制工艺问题,透光与不透光的交界线可能不会完全对齐。当光电接收管位于状态 0 和状态 15 的交界处时,可能会把 0000 读成 1000,而该值对应的状态是 8,使本来相邻的两个状态读数结果相差 180°,这是不允许的。有时即使相邻的分界线很齐,但若光电接收管安装稍有偏差(不可能严格位于一条直线上),也会出现类似的现象。正是基于这一点,在电子经纬仪的编码度盘上引入葛莱码。

用纯二进制码盘测角可能出现大的粗差的主要原因是相邻两个区域的码道状态同时有几个发生变化。为了克服这一缺点,Gray 于 1953 年发明了葛莱码,它使整个码盘的相邻码道只有一个码道发生变化,所以也称为循环码。这样,即使当读数位置处于两个状态的分界线上或者光电接收管安装的不严格时,所得的读数也只能是两个相邻状态中的一个,使得可能产生的误差不超过十进制的一个单位。

2. 增量式光栅度盘测角原理

远在几个世纪以前,法国丝绸工人发现,用两块薄丝布叠在一起,能产生绚丽的水波样的花纹,当薄绸相对移动时,花纹也随之变化。当时把这种有趣的花纹叫做"莫尔"(moire),即"水波纹",这便是初期的光栅。

光栅度盘是利用莫尔干涉条纹效应来实现测角的。一组黑(不透光)白(透光)相间的平行条纹称为直线光栅。将两密度相同的直线光栅相叠,并使它们的刻画相互倾斜一个很小的角度,这时便会出现明暗相同的条纹,这就是莫尔干涉条纹,如图 2 – 4 所示。它有以下 3 个特点:

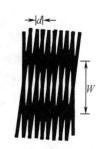

图 2 – 4　莫尔干涉条纹

（1）两光栅之间的倾角 θ 越小则条纹越粗,即相邻明条纹(或暗条纹)之间的间隔越大;

（2）在垂直于光栅构成平面的方向上,条纹亮度呈正弦周期变化;

（3）当光栅水平移动时,莫尔干涉条纹上、下移动。当两光栅倾角甚小时,光栅在水平方向相对移动一条刻线 d (栅距),莫尔条纹在垂直方向上移动一周,其移动量 W (纹距)为

$$W = d \cdot \cot\theta = d/\theta \qquad (2-1)$$

由式(2－1)可知,只要光栅夹角小,则很小的光栅移动量就会产生很大的条纹移动量。当 $\theta = 20'$,约可放大 172 倍。由于 W 的宽度较大,容易用接收元件累计出条纹的移动量,从而推导出光栅的移动量,即角度值。虽然刻在圆盘上径向光栅的条纹是互不平行的,若将经纬仪度盘作为主光栅,另用相同栅距的光栅作为指示光栅,同样利用干涉条纹可实现测角。增量式光栅度盘测角原理如图 2－5 所示。

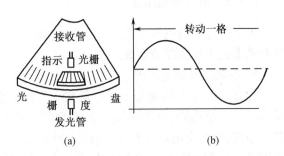

图 2－5　增量式光栅度盘测角原理
(a)相互关系;(b)光电流图

指示光栅、接收管、发光管位置固定在照准部上。当度盘随照准部转动时,莫尔干涉条纹落在接收管上。度盘每转动一条光栅,莫尔干涉条纹在接收管上移动一周,流过接收管的电流变化一周。当仪器照准零方向时,让仪器的计数器处于零位,而当度盘随照准部转动照准某目标时,流过接收管电流的周期数就是两方向之间所夹的光栅数。由于光栅之间的夹角已知,计数器所计的电流周期数经过处理就可以显示出角度值。如果在电流波形的每一周期内再均匀内插 n 个脉冲,计算器对脉冲进行计数,所得的脉冲数就等于两个方向所夹光栅数的 n 倍,就相当于把光栅刻划线增加了 n 倍,角度分辨率也就提高了 n 倍。使用增量式光栅度盘测角时,照准部转动的速度要均匀,不可突快或太快,以保证计数的正确性。

3. 动态光栅度盘测角原理

动态度盘刻有 1 024 条栅线,内含栅线和缝隙,相应为不透光和透光区,其栅距分划值为 1 265.625″,设为 φ_0。盘上有两个计数光栅,如图 2－6 所示, R 为固定光栅,安置在度盘外缘; S 为可动光栅,随照准部旋转,安置在度盘内缘; φ 为照准某方向后 R 与 S 之间的角度。读 φ 角时,度盘开始旋转,计取通过两个光栅间的栅条数,即可求得角度值。

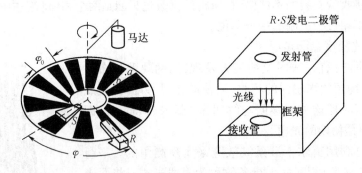

图 2－6　动态光栅度盘测角原理

由图 2－6 可知, $\varphi = n\varphi_0 + \Delta\varphi$,即 φ 角等于 n 个周期 φ_0 和不足整周期的 $\Delta\varphi$ 分划值之

和,它们分别由粗测和精测求得。

(1)粗测。在度盘的同一径向的内外缘上设有 a、b 两个标记,相距 $90°$ 处同一径向的内外缘上另设有 c、d 两个标记。度盘旋转时,从 a 标记通过 R 光栅时计数器开始计取 φ_0 的个数,当 b 标记通过 S 光栅时,计数器停止计数,此时所计值即为 φ_0 的个数 n。同理,c、d 两个标记可获取另一组值,两组值可作校核。

(2)精测。图 2 - 7 是通过光栅 R 和 S 产生的两组信号。由于 $\Delta\varphi$ 的存在,它们之间存在一个时间延迟 Δt(方波上升沿之间),对应于 $\Delta\varphi$ 的变化范围为 $0 \sim \varphi_0$,Δt 的变化范围为 $0 \sim T_0$,由于马达转速一定,故有

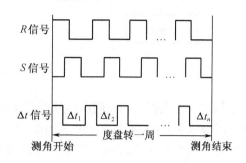

图 2 - 7　信号测定

$$\Delta\varphi = (\Delta t / T_0)\varphi_0 \qquad (2-2)$$

式中,Δt 可用脉冲填充法精确测定。每隔一条栅线检测出一个 $\Delta\varphi$,度盘转动一周,则可取 512 个独立的 $\Delta\varphi$,求其平均值,即可取得高精度的 $\Delta\varphi$ 值。

动态测角除具有前述两种测角方式的优点外,最大的特点在于消除了度盘刻画误差等,因此在高精度($0.5''$ 级)的仪器上常采用这种方式。但动态测角需要马达带动度盘,因此在结构上比较复杂,耗电量也大一些。徕卡的 T2000 全站仪就是采用这种结构。

2.1.4　光电测距原理

光电(电磁波)测距是利用电磁波的直线传播特性来测出两点之间的直线距离。如图 2 - 8 所示,要测 A、B 两点之间的距离 D,可分别在 A、B 两点架设测距仪和反射器,架设在 A 点的测距仪向 B 点发射一束电磁波,到达 B 点后被反射器原方向反射回来,又被测距仪接收。如果测距仪能测出电磁波从发射到接收这段时间间隔 t(电磁波在被测距离 D 上往返传播所用的时

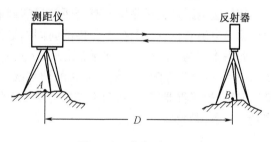

图 2 - 8　光电测距原理

间),那么 A,B 之间的距离就可以利用路程、速度、时间的关系计算出来。

设电磁波在大气中的传播速度为 c,则

$$D = \frac{1}{2}ct \qquad (2-3)$$

根据不同的测时方法,可以把光电测距分为脉冲法测距、干涉法测距和相位法测距。大多数全站仪采用相位法测距,近几年有些全站仪开始采用脉冲法测距。

1. 脉冲法测距原理

脉冲法测距就是直接测定仪器所发射的脉冲信号往返于被测距离的传播时间而得到距离值,其基本原理如图 2 - 9 所示。

测距时,由测距仪光脉冲发生器向目标反射器发射一束光脉冲信号的同时,还给光电转换器发射一束光脉冲,经光电转换器转换成电脉冲去打开电子门,计时用的时标脉冲就通过

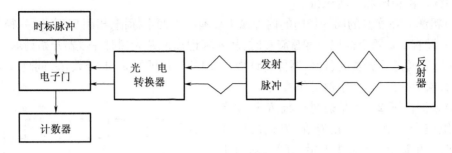

图 2 - 9 脉冲法测距原理

电子门进入计数器。当发向反射器的光脉冲信号被反射器反射回测距仪后,也送入光电转换器转换成电脉冲,由此电脉冲关闭电子门,时标脉冲就不能通过电子门。那么计数器记录的时标脉冲个数 n,就对应于测距脉冲在被测距离上往返传播所需的时间 t。

目前,脉冲测距仪一般用固体激光器作光源,能发射出高频率的光脉冲,因而这类仪器可以不用合作目标(如反射器),直接用被测目标对脉冲产生的漫反射进行测距。在数据采集中可实现无人立镜,从而减轻劳动强度,提高工作效率。特别是在悬崖陡壁的地方测图或在土木工程特殊环境(如危险区域)下测量是很有用的。

过去,脉冲法测距由于受测定时间精度的限制,测距精度较低,一般为 1 ～ 5 m,该法主要用于军事测量和远程测量。近几年,脉冲法测量在测时技术上有了很大突破,测距精度指标可达毫米级,今后将有越来越多的全站仪采用脉冲法测距。

2. 相位法测距原理

相位法测距是通过测量含有测距信号的调制波在测线上往返传播所产生的相位移,间接地测定电磁波在测线上往返传播的时间 t,进而求得距离值。

如果将调制波的往返程摊平,则如图 2 - 10 所示。由测距仪光源发出的光波通过调制器调制后,成为光强随高频信号变化的调制波。调制波射向测线另一端的反射镜,经反射棱镜反射后,被接收器接收,然后由相位计将发射信号(又称参考信号)与接收信号(又称测距信号)进行相位比较。

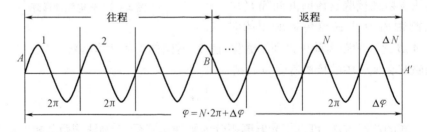

图 2 - 10 相位法测距原理

根据波的传播理论,调制光波经过 2D 路程的相位移是 φ 与时间 t 的关系,即

$$\varphi = 2\pi f t \tag{2-4}$$

式中,f 为调制光波的线频率。

由图 2 - 10 可知,调制光波往返于测线之后的相位移 φ 包括 N 个整周期变化和不足一

个周期的尾数 $\Delta\varphi$，若再令 $\Delta\varphi = \Delta N \cdot 2\pi$，则

$$\varphi = N \cdot 2\pi + \Delta\varphi = 2\pi(N + \Delta N) \qquad (2-5)$$

由式 $(2-4)$ 和 $(2-5)$ 得调制光波经过 $2D$ 路程时间 t 为

$$t = \frac{1}{2\pi f}(N \cdot 2\pi + \Delta\varphi) \qquad (2-6)$$

将式 $(2-6)$ 代入式 $(2-3)$，并顾及波长 λ 与频率 f 和波速 c 的关系，即可得两点之间距离为

$$D = \frac{c}{2f}(N + \Delta N) = u(N + \Delta N) \qquad (2-7)$$

式中

$$u = \frac{\lambda}{2} = \frac{c}{2f} \qquad (2-8)$$

由式 $(2-7)$ 可以看出，相位法测距相当于用一把测尺（或称"光尺"）u，通过一尺段一尺段丈量距离，获得 N 个整尺段和一个尾尺段数 ΔN，然后按式 $(2-7)$ 计算距离 D。

值得注意的是，测距仪中的相位计只能测出相位差 $\Delta\varphi$，即能测定 ΔN，而无法直接测出整波数 N。令 $N=0$，式 $(2-7)$ 变为

$$D = u\Delta N \qquad (2-9)$$

相位法测距通常采用多测尺组合测距技术。如采用 u_1，u_2 两把测尺，由式 $(2-8)$ 可知

$$u_1 = \frac{c}{2f_1} \qquad (2-10)$$

$$u_2 = \frac{c}{2f_2} \qquad (2-11)$$

在测距仪设计上 u_1 用于保证测距精度，称为精测尺；u_2 用于保证测距的长度，称为粗测尺。设 $f_1 \approx 15\ \text{MHz}$，$f_2 \approx 150\ \text{kHz}$，则精测 $u_1 = 10\ \text{m}$，粗测尺 $u_2 = 1\ 000\ \text{m}$。将两把测尺组合测距，即可测得完整的距离值，如用 u_1 测得距离读数为 $D_1 = 8.654\ \text{m}$；用 u_2 测得距离读数为 $D_2 = 987.9\ \text{m}$；测距仪自动地将两者衔接起来，直接显示完整的距离值（$D = 988.654\ \text{m}$）。

目前，电子速测仪大都采用连续累计式测距方式，即收到的回光信号总时间达到一个额定数值后（如 6 s），即可完成整个测距过程。短程红外测距仪的测距频率均采用分散的直接测距频率。而长程的测距仪均采用集中的间接测距频率，即用组合的方式解析得到一组间接测距频率，以便扩大确定整波数 N 的范围。

2.2　全站仪简介

全站仪的功能很多，它是通过显示屏和操作键盘来实现的。不同型号的全站仪操作键盘不同，大致可以分为两大类：一类是操作按键比较多（15 个左右），每个按键都有 2~3 个功能，通过按某个键执行某个功能；另一类是操作按键比较少，只有几个作业模式按键和几个软键（功能键），通过选择菜单达到执行某项功能。最近几年制造的全站仪，通常带有数字（字母）键盘，以方便坐标和编码的输入；采用中文菜单，操作更直观，下面以南方 NTS360 系列全站仪为例，介绍全站仪的使用。

2.2.1　按键名称、功能

NTS360 系列全站仪有双面操作键盘和显示屏，操作很方便。操作键盘如图 2 - 11 所

示,其名称与功能见表 2-1。

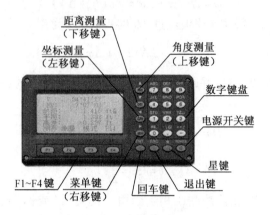

图 2-11　NTS360 全站仪键盘

表 2-1　NTS360 全站仪的按键名称及功能

按键	名称	功能
[ANG]	角度测量键	进入角度测量模式(光标上移或向上选取选择项)
[DIST]	距离测量键	进入距离测量模式(光标下移或向下选取选择项)
[CORD]	坐标测量键	进入坐标测量模式(光标左移)
[MENU]	菜单键	进入菜单模式(光标右移)
[ENT]	回车键	确认数据输入或存入该行数据并换行
[ESC]	退出键	取消前一操作,返回到前一个显示屏或前一个模式
[POWER]	电源键	控制电源的开/关
[F1~F4]	软 键	功能参见所显示的信息
[0~9]	数字键	输入数字和字母或选取菜单项
[·~-]	符号键	输入符号、小数点、正负号
★	星 键	用于仪器若干常用功能的操作

南方 NTS360 系列全站仪显示窗口内所显示符号的意义如表 2-2 所示。

表 2-2　NTS360 全站仪键盘显示窗内常用符号的意义

显示符号	内容	显示符号	内容
V%	垂直角(坡度显示)	N	北向坐标
HR	水平角(右角)	E	东向坐标
HL	水平角(左角)	Z	高程
HD	水平距离	*	EDM(电子测距)正在进行
VD	高差	m	以米为单位
SD	斜距	ft	以英尺为单位

软键的有关信息通常显示在最后一行,各软键的功能见相应的显示信息。

2.2.2　全站仪作业模式介绍

南方 NTS360 系列全站仪角度测量、距离测量和坐标测量模式界面菜单如图 2 – 12、图 2 – 13、图 2 – 14 所示,各软键在角度测量、距离测量和坐标测量中的功能如表 2 – 3、表 2 – 4、表 2 – 5 所示。

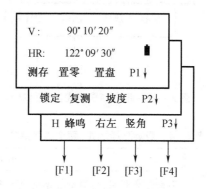

图 2 – 12　角度测量模式界面菜单

表 2 – 3　角度测量模式（三个界面菜单）

页数	软键	显示符号	功能
第 1 页 （P1）	F1	测存	启动角度测量,将测量数据记录到相对应的文件中（测量文件和坐标文件在数据采集功能中选定）
	F2	置零	水平角置零
	F3	置盘	通过键盘输入设置一个水平角
	F4	P1↓	显示第 2 页软键功能
第 2 页 （P2）	F1	锁定	水平角读数锁定
	F2	复测	水平角重复测量
	F3	坡度	垂直角/百分比坡度的切换
	F4	P2↓	显示第 3 页软键功能
第 3 页 （P3）	F1	H 蜂鸣	仪器转动至水平 0°,90°,180°,270° 是否蜂鸣的设置
	F2	右左	水平角右角/左角的转换
	F3	竖角	垂直角显示格式（高度角/天顶距）的切换
	F4	P3↓	显示第 1 页软键功能

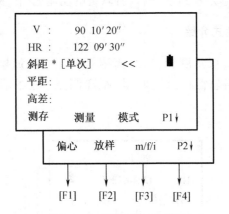

图 2 - 13　距离测量模式界面菜单

表 2 - 4　距离测量模式(两个界面菜单)

页数	软键	显示符号	功能
第 1 页 (P1)	F1	测存	启动距离测量,将测量数据记录到相对应的文件中(测量文件和坐标文件在数据采集功能中选定)
	F2	测量	启动距离测量
	F3	模式	设置测距模式单次精测/N次精测/重复精测/跟踪转换
	F4	P1↓	显示第 2 页软键功能
第 2 页 (P2)	F1	偏心	偏心测量模式
	F2	放样	距离放样模式
	F3	m/f/i	设置距离单位米/英尺/英尺·英寸
	F4	P2↓	显示第 1 页软键功能

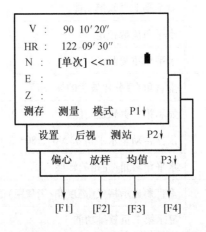

图 2 - 14　坐标测量模式界面菜单

表 2-5　坐标测量模式(三个界面菜单)

页数	软键	显示符号	功能
第 1 页 (P1)	F1	测存	启动坐标测量,将测量数据记录到相对应的文件中(测量文件和坐标文件在数据采集功能中选定)
	F2	测量	启动坐标测量
	F3	模式	设置测量模式单次精测/N 次精测/重复精测/跟踪的转换
	F4	P1↓	显示第 2 页软键功能
第 2 页 (P2)	F1	设置	设置目标高和仪器高
	F2	后视	设置后视点的坐标
	F3	测站	设置测站点的坐标
	F4	P2↓	显示第 3 页软键功能
第 3 页 (P3)	F1	偏心	偏心测量模式
	F2	放样	坐标放样模式
	F3	均值	设置 N 次精测的次数
	F4	P3↓	显示第 1 页软键功能

NTS360 系列全站仪在星(★)键模式下可以进行如下仪器设置。

(1)对比度调节:通过按[▲]或[▼]键,可以调节液晶显示对比度。

(2)背景光照明:按[F1]打开背景光;再按[F1]关闭背景光。

(3)补偿:按[F2]键进入"补偿"设置功能,按[F1]或[F3]键设置倾斜补偿的打开或者关闭。

(4)反射体:按[MENU]键可设置反射目标的类型。按下[MENU]键一次,反射目标便在棱镜/免棱镜/反射片之间转换。

(5)指向:按[F3]键出现可见激光束。

(6)参数:按[F4]键选择"参数",可以对棱镜常数、PPM 值和温度气压进行设置,并且可以查看回光信号的强弱。

2.3　RTK GPS 系统简介

全球定位系统(Global Positioning System,GPS)是美国国防部主要为满足军事部门对海上、陆地和空中设施进行高精度导航和定位的要求而建立的。GPS 由 GPS 卫星星座(空间部分为 24 颗工作卫星)、地面监控系统(地面监控部分为 1 个主控站、5 个卫星监控站和 3 个注入站)和 GPS 信号接收机 3 部分组成。GPS 作为新一代导航与定位系统,不仅具有全球性、全天候、连续的精密三维导航与定位能力,而且具有良好的抗干扰性和保密性。目前,GPS 精密定位技术已经渗透到经济建设和科学技术的许多领域,尤其对经典测量学的各个方面产生了极其深刻的影响。

GPS 定位分为绝对定位和相对定位两种方式,在测量中主要使用相对定位。GPS 相对定位在施测中主要有静态相对定位、快速静态相对定位和动态相对定位之分。静态相对定位主要用于精密控制测量,快速静态相对定位主要用于较小范围的控制测量(应用越来越少,逐渐被 RTK 取代),动态相对定位主要用于数据采集、图根控制和施工放样等。动态相对定位又可区分为实时差分动态定位 RTK(Real Time Kinematic)、后处理差分动态定位 PPK 和网络(多基准站)RTK,其中实时差分动态定位 RTK 在野外数据采集中有广泛的应用。本节重点介绍 RTK GPS 系统的组成及其测量原理与使用,关于 GPS 的详细内容请参考有关书籍。

2.3.1　RTK GPS 的测量原理

RTK GPS 测量系统,是集计算机技术、数字通信技术、无线电技术和 GPS 测量定位技术为一体的组合系统。用 RTK 技术定位时,将一台接收机安置在基准站上固定不动,另一台或多台接收机安置在运动的载体(称为流动站或移动站)上,两站(一般不超过 10 ~ 15 km)的接收机同步观测相同的卫星,通过数据链将基准站的相位观测数据及坐标信息实时传送给流动站,流动站将接收到的基准站数据同自采集的相位观测数据进行实时差分处理,从而获得流动站的实时三维位置。在测图时,仅需一人背着仪器,手持带对中杆的接收机天线,在待测地物地貌碎部点上观测两三秒钟,就可得到精度为 1 ~ 2 cm 的平面坐标。

载波相位差分为两类:修正法和差分法。前者是基准站将载波相位修正量通过数据通信链发送给流动站,流动站根据其改正本站的载波相位观测值,然后求解流动站的坐标。后者是将基准站采集的载波相位观测值通过数据链通信完整地发送给流动站,流动站的工作手簿(亦称控制器)将其和自己同步得到的载波相位观测值求差,并对相位差分观测值进行实时处理,求得流动站的坐标。RTK 技术是以载波相位观测量为基础的实时差分测量技术,其数据流程如图 2 - 15 所示。

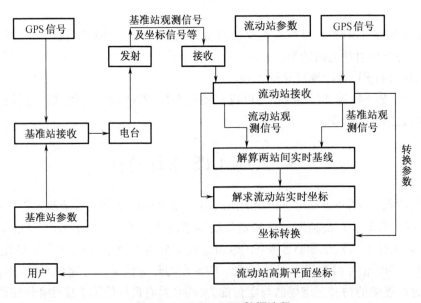

图 2 - 15　RTK GPS 数据流程

近几年一些大城市开始建立网络 RTK GPS 系统,这种系统被称为连续运行参考站(Continuously Operating Reference Stations,CORS)。CORS 由若干个连续运行的基准站、数据处理中心、数据发布中心和用户流动站组成。常规 RTK GPS 建立在流动站与基准站误差强相关这一假设基础上,当流动站离基准站较远(超过 15 km)时,这种误差强相关性随流动站与基准站的间距增加变得越来越差。CORS 采用虚拟参考站法,其基本工作原理是:在一个市区(较大的区域)均匀地布设多个连续运行的参考站,根据各参考站长期跟踪的观测结果,反演出区域内 GPS 定位的一些主要误差模型,如电离层、对流层、卫星轨道等误差模型;系统运行时,将这些误差从参考站的观测值中减去,形成所谓的"无误差"的观测值,再利用无误差的观测值与用户流动站观测值的有效组合,在流动站附近(几米到几十米)建立起一个虚拟参考站;将流动站和虚拟参考站进行载波相位差分改正,就实现了 RTK 定位。CORS差分改正值是多个基准站的观测资料平差的结果,已有效地消除了定位中的各种误差,亦可达到厘米级的定位精度。CORS 一旦投入运行,用户仅需使用一台流动站接收机即可获得较高精度的定位信息。

2.3.2　RTK GPS 的系统组成

RTK GPS 用户系统由一台基准站(亦称参考站)接收机和一台或多台流动站接收机以及用于数据实时传输的数据链系统构成,如图 2 - 16 所示。基准站的设备有 GPS 接收机、GPS 天线(通常与接收机合为一体)、GPS 无线数传电台、数据链发射天线、电瓶、连接电缆等;流动站的设备有 GPS 接收机、GPS 天线(通常与接收机合为一体)、数据链接收电台(现有将接收电台模块放置在主机内)、数

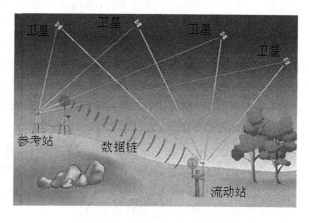

图 2 - 16　RTK GPS 系统的组成

据链接收天线、工作手簿(控制器)等,流动站的主机与工作手簿之间越来越多地采用蓝牙无线通信。

RTK GPS 接收机是接收卫星信号的主要设备,流动站和基准站上的接收机一般是一样的,如图 2 - 17 所示是 Leica 1200 基准站手簿和流动站手簿。基准站手簿基座左下侧有三个指示灯:TRK 灯(跟踪卫星灯)、MEM 灯(内存灯)、PWR灯(电源灯)。其中 TRK 灯不亮表示没有跟踪到卫星,绿灯时表示接收到足够卫星,绿灯闪烁表示跟踪到第一颗卫星,但是坐标没有算出来;MEM 灯不亮表示

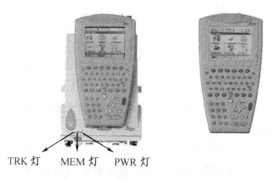

TRK 灯　　MEM 灯　　PWR 灯

图 2 - 17　Leica 1200 基准站和流动站手簿

接收机没有内存,绿灯时表示接收机有内存,绿灯闪烁表示内存还剩下 25% 的空间,红灯表示内存不足;PWR 灯不亮表示电源灯关闭,绿灯时表示电源灯打开,红灯表示电量低。

RTK 工作手簿(控制器)是 GPS 实时数据处理关键设备。参数设置、基线解算、坐标计

算、坐标转换、数据记录等都在工作手簿中进行。目前,进口的 RTK GPS 工作手簿多为与接收机配套的专用手簿,其面板图上有较多按键和功能键。国产的 RTK 工作手簿多为在 PDA 上(个人数字助理,俗称掌上电脑)开发的。

通信数据链分为电台通信模式和网络通信模式。电台模式是采用无线电通信技术进行数据的传递,网络模式是通用分组无线业务,是在现有的 GSM 系统上发展出来的一种新的分组数据承载业务。

2.3.3　RTK GPS 的作业方法

RTK GPS 主要用于图根控制测量、野外数据采集和施工放样,其作业的基本方法大致相同。

1. RTK GPS 测量

RTK GPS 测量是在 WGS - 84 坐标系中进行的,而测图及工程测量是在国家坐标系或地方坐标系中进行的,这之间存在坐标转换的问题;RTK GPS 测量的高程是 WGS - 84 系统的大地高,而工程测量及测图作业通常采用正常高,二者的高程差值为高程异常,当要采用 RTK GPS 来获得所测点的正常高时,就存在二者之间的转换问题。如果测区没有坐标转换参数和未知高程异常函数,在进行 RTK GPS 测量之前,应测定坐标转换参数和高程异常。若仅进行图根平面控制点测量,用 RTK GPS 测量之前应先在已知平面控制点(一般不得少于 3 个)进行测量,以求解坐标转换参数;若同时布设图根三维控制网,还要在已知水准点(一般不得少于 2 个)进行测量,对于地形起伏较大的测区,应在不少于 6 个已知水准点上进行测量,以推求高程异常函数。

当得到测区的坐标转换参数及高程异常函数后,在测区中部地势较高、视野开阔的一个已知点上架设基准站,用流动站以测定碎部点的方式测定图根控制点坐标。由于 RTK GPS 定位不产生误差累计,流动站在 10 km(在较平坦区域甚至 15 km)范围内测定的控制点坐标,完全可以满足图根控制点的精度要求。

用 RTK GPS 进行碎部点测量(数据采集)的基本方法如下。

(1)架设基准站:在测区一个位置较高、视野开阔的已知点上整置基准站 GPS 接收机(天线),在其附近架设数传电台的天线,连接有关电缆,量取基准站仪器(天线)高,打开 GPS 接收机。

(2)基准站设置:启动基准站工作手簿(控制器),首先建立新作业,然后进行坐标系有关设置、坐标及高程转换参数设置,或直接测定转换参数(有一点、两点和三点校正法之区别,最好选择三点校正法),再进行电台类型、电台通道参数、仪器天线高、天线类型、记录原始数据模式等项目设定,随后进入测量模式。

(3)流动站设置:在基准站附近连接好流动站设备,再在流动站手簿中设置流动站有关项目,如电台通道数(一定要与基准站一致)、对中杆天线高度、天线类型、存储方式等,然后立直对中杆并启动移动站接收机,如果无线电台和卫星信号接收正常,移动站开始初始化,以确定整周模糊度。通常在 1 min 内得到固定解。

(4)采集碎部点。工作手簿显示固定解后,即可进行碎部测量。将流动站对中杆立于地形特征点上,稳定 2 ~ 3 s,待显示的固定解数据稳定后,记录存储点位信息。

2. RTK GPS 放样

进行 RTK 放样之前,通常在室内先将放样数据传输到 GPS 接收机。外业操作方式与

GPS 测量大致相同。

（1）基准站的设置。在地形比较开阔的已知点上整置基准站 GPS 接收机，架设数传电台的天线，连接有关电缆，打开 GPS 接收机和数传电台。启动 GPS 工作手簿，进行坐标系有关设置、坐标及高程转换参数设置，输入仪器天线高、天线类型、通信参数等，选择观测定位模式和数据广播格式，随后用测站点坐标启动基准站。

（2）流动站的设置。连接好流动站设备，输入放样点的坐标，设置与基准站相同的通信参数，选择观测定位模式，确定放样方法，然后启动移动站接收机，移动站开始初始化。

（3）放样实施。移动站初始化完成后，作业员手持流动站对中杆，按照工作手簿的提示，沿着设计线路行进，准确地找到设计点位。在确认定位精度满足要求后，将所测的三维坐标记录，并在地表打上标志。

2.4　电子水准仪简介

2.4.1　电子水准仪的测量原理

由于生产电子水准仪的各厂家采用不同的专利，测量标尺也各不相同，因此读数原理各异，以下分别介绍国际上主要几个厂家生产的电子水准仪的测量原理。目前采用的自动电子读数方法有以下三种：相关法，如 Leica 公司 NA2002、DNA03 型电子水准仪（图 2 - 18）；几何法，如蔡司厂的 DiNi12、DiNi22 型电子水准仪；相位法，如拓普康公司的 DL - 101C、DL - 102C 型电子水准仪。

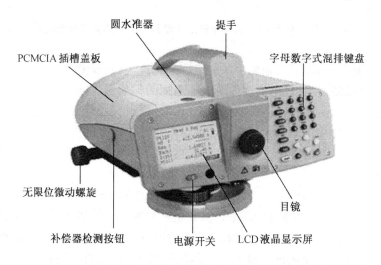

图 2 - 18　DNA03 中文电子水准仪

1. 相关法基本原理

线阵探测器获得的水准尺上的条码图像信号（即测量信号），通过与仪器内预先设置的"已知代码"（参考信息）按信号相关方法进行比对，使测量信号移动以达到两信号最佳符合，从而获得标尺读数和视距读数。

进行数据相关处理时，要同时优化水准仪视线在标尺上的读数（即参数 h）和仪器到水准尺的距离(即参数 d),因此这是一个二维(d 和 h)离散相关函数。为了求得相关函数的峰值,需要在整条尺子上搜索,在这样一个大范围内搜索最大相关值大约要计算 50 000 个相关系数,较为费时。为此,采用了粗相关和精相关两个运算阶段来完成此项工作。由于仪器距水准尺的远近不同时,水准尺图像在视场中的大小也不同,因此粗相关的一个重要步骤就是用调焦发送器求得概略视距值,将测量信号的图像缩放到与参考信号大致相同的大小。即距离参数 d 由概略视距值确定,完成粗相关,这样可使相关运算次数减少约 80%;然后再按一定的步长完成精相关的运算工作,求得图像对比的最大相关值 h_0,即水平视准轴在水准尺上的读数,同时求得精确的视距值 d。

2. 几何法基本原理

蔡司 DiNi10/20 系列现已改为天宝的品牌,其电子水准仪采用几何法读数原理。其标尺编码采用双相位码,标尺条码的片段见图 2 – 19。

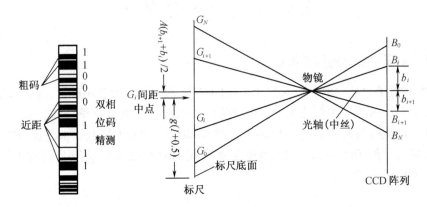

图 2 – 19　蔡司 DiNi 水准仪标尺片段和几何法读数原理示意图

当人工照准标尺并调焦后,条码标尺的像经分光镜,一路成像在分划板上,供目视观测;一路成像在 CCD 探测器上,供电子读数。DiNi 系列的标尺每 2 cm 划分为一个测量间距,其中的码条构成一个码词。每个测量间距的边界由黑、白过渡线组成,其下边界到标尺底部的高度,可由该测量间距中的码词判读出来。就像区格式标尺上的注记一样,选择较长的望远镜焦距以及分辨率较高的 CCD 线阵,CCD 的长度是分划板直径的好几倍,这就可以为几何法读数提供条件。

DiNi 系列电子水准仪测量时,只利用对称于视线的 30 cm 长的标尺截距来确定全部单次测量值,也就是只用 15 个测量间距来计算视距和视线高。虽然大于 30 cm 的标尺截距也能获取,但原则上不用来求取测量值。在原理上 DiNi 也可以用小于 30 cm 的标尺截距进行测量,只要该截距足以读出码词。对 1.5 m 的最短视距而言,最小的测量视场约为 10 cm,此时,在从标尺起点或终点起约 6 cm 的范围内不能读数。

几何法的基本原理见图 2 – 19。图中 G_i 为测量间距的下边界,G_{i+1} 为上边界,它们在 CCD 行阵上的成像为 B_i 和 B_{i+1},它们到光轴(中丝)的距离分别用 b_i 及 b_{i+1} 表示。CCD 上像素的宽度是已知的,这两个距离在 CCD 上所占像素个数可以由 CCD 输出的信号得知,因此可以算出 b_i 和 b_{i+1},也就是说 b_i 和 b_{i+1} 是计算视距和视线高的已知数。b_i 和 b_{i+1} 在光轴之上为负值,在光轴之下取正值。如果在标尺上看,则是在光轴之上为正,反之为负。

设 g 为测量间距长(2 cm),用第 i 个测量间距来测量时,则物像比为 A,具体地说,在此

是测量间距与该间距在 CCD 上成像宽度之比,它可以由图 2 - 19 中的相似三角形得出,如下式

$$A = g / (b_{i+1} - b_i) \qquad (2-12)$$

于是,视线高读数为

$$H_i = g \cdot \left(C_i + \frac{1}{2} \right) - A \cdot \frac{b_{i+1} + b_i}{2} \qquad (2-13)$$

式中,C_i 是第 i 个测量间距从标尺底部数起的序号,可由所属码词判读出来。(2 - 13)式右边两部分的几何意义已经标注在图 2 - 19 中,即 $g(C_i + 1/2)$ 是标尺上第 i 个测量间距的中点到标尺底面的距离;$A(b_{i+1} + b_i)/2$ 是标尺第 i 个测量间距的中点到仪器光轴,即视准轴的距离。

根据上述规则,b_{i+1} 是正值,b_i 是负值,图 2 - 19 中 $|b_{i+1}| < |b_i|$,因此该项是负值,故在公式(2 - 13)中两项相加取负号。

为了提高测量精度,DiNi 系列取 N 个测量间距的平均值来计算高度,也就是取标尺上中丝上下各 15 cm 的范围,即 15 个测量间距取平均值来计算。于是物像比为

$$A = g \cdot N / (b_N - b_0) \qquad (2-14)$$

式中,b_N 和 b_0 分别为 CCD 行阵上 30 cm 测量截距上下边界到光轴的距离。

视线高的计算公式为

$$H = \frac{1}{N} \sum_{i=0}^{N-1} \left(g \cdot \left(C_i + \frac{1}{2} \right) - A \cdot \frac{b_{i+1} + b_i}{2} \right) \qquad (2-15)$$

由式(2 - 14)计算出物像比之后,由它可以计算视距,计算原理与用视距丝进行视距测量一样,所不同的是,此固定基线是在标尺上,而传统视距测量的基线是分划板上的上下视距丝的距离。

几何法通过高质量的标尺刻画和几何光学实现了标尺的自动读数,而不是靠电信号的相关处理,从而既保证了较高的测量精度又加快了测量速度。

2.4.2　条码水准尺

与电子水准仪相配套的条码水准尺,其条码设计随电子读数方法不同而不同。目前,采用的条纹编码方式有二进制码条码、几何位置测量条码、相位差法条码。

Wild Ni2002 水准仪配用的条码标尺是用膨胀系数小于 $10 \times 10^{-6} \mathrm{m}/(\mathrm{m} \cdot ℃)$ 的玻璃纤维合成材料制成,质量轻,坚固耐用。该尺一面采用伪随机条形码(属于二进制码),见图 2 - 20,供电子测量用;另一面为区格式分划,供光学测量使用。尺子由三节 1.35 m 长的短尺插接使用,三节全长 4.05 m。使用时仪器至标尺的最短可测量距离为 1.8 m,最远为 100 m。要注意标尺不能被障碍物(如树枝等)遮挡,因为标尺影像的亮度对仪器探测会有较大影响,可能会不显示读数。

用于精密水准测量的电子水准仪,其配用的条码标尺有两种:一种为铟瓦尺,另一种为玻璃钢尺。

图 2 - 20　条形编码尺

2.5　数字化仪与扫描仪

传统的地形图是空间信息的直观描述,是应用坐标位置、符号和注记,以图解的形式表达地面的形状、大小与高低起伏。图解图形必须转换成数字信息才能被计算机所接受和处理。纸图转换成数字地图一般是通过数字化仪来完成的。数字化仪分为两类:手扶跟踪数字化仪(简称数字化仪)和图像扫描数字化仪(简称扫描仪)。

2.5.1　数字化仪

1. 数字化仪结构原理

图形数字化仪是一种将图形数据进行数字化的图形输入设备。它主要由数字化板(操作平台)、图形操作定标器(鼠标)、控制机构(含接口装置)三大部分组成,如图 2-21(a)所示。

数字化板一般厚约 2 cm,其塑料表面平整光滑,表面下的平板中嵌入了一组互相垂直规则的栅格状导线(即 x,y 导线栅格阵列),构成了一个具有高分解度的矩阵(一个精细的坐标系)。图形操作定标器是一种图形输入装置,其外形像一只拖着尾巴的老鼠,如图 2-21(a),(b)所示。定标器内部装有一个中心嵌着十字丝(十字定准线)的感应线圈,作为信号发射源。定标器上一般有 16 个按键,内部按 0~15 编号,表面按 0~9 和 A~F 标出,如图 2-21(c)所示,用以确定不同的操作方式(通常有点式、开关流式、连续式、步进式、增量式)。作业过程由定标器产生磁场信号,由于电磁感应产生电场,引起嵌在数字化板内的格网状导线相应位置上电场的变化,经过逻辑电路处理,就得到定标器在数字化板上的坐标。控制机构起到由点信号到数字变换的枢纽作用。在控制机构的微处理器中,还有一个能起缓冲作用的临时存储器,在传送到计算机之前,将坐标值和功能键发出的信号暂存在这里,以便发现操作不当和错误时及时纠正。

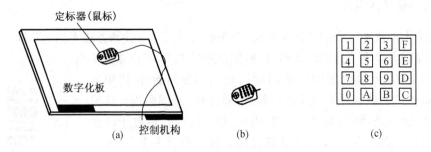

图 2-21　手扶跟踪数字化仪的结构示意图

2. 数字化仪的使用

使用手扶跟踪数字化仪时,连接好计算机后,按要求配置好数字化仪。为了方便操作,通常在数字化板的有效区域的右边贴一个操作菜单,并在使用前标定操作菜单。数字化开始时,应先将原图放在数字化板面上的有效区域内,用透明胶带固紧。打开电源开关,使数字化仪进入运行状态。在数字化采集之前,通常首先进行图纸定向,即对图幅的四个图廓点进行数字化。数字化录入时,点状符号将其定位点数字化,线状符号和面状符号中的直线段将其始末点数字化,曲线段则是要数字化其上较多的点。曲线数字化一种方法是跟踪整条曲线,连续记录坐标点;另一种方法是仅采集曲线上的拐点,其他点应用插值计算求出。图形数字化时是分要素进行的,其地形特征码通常通过定标器点取操作菜单输入。手扶跟踪数字化得到的数据是矢量数据。

2.5.2　扫描仪

当图面清晰(反差大)、图形要素较多时,通常是利用自动扫描数字化仪(简称扫描仪)进行数字化。扫描仪的功能是把实在的图像划分成成千上万个点,变成一个点阵图,然后给每一个点编码,得到它们的灰度值或者色彩编码值。也就是说,把图像通过光电部件变换为一个数字信息的阵列,使其可以存入计算机并进行处理。通过扫描仪可以把整幅的图形或文字材料,如图形(包括线划地形图)、黑白或彩色图像(包括遥感和航测像片)、报刊或书籍上的文章等,快速地、高精度地数字化后输入计算机,以栅格图形文件形式保存,通过专用的图形图像软件进行矢量化处理,可供 CAD,GIS 等使用。

1. 扫描数字化的基本概念

扫描数字化仪是按栅格方式将原图数字化,即只产生栅格数据。栅格数据由像素组成,每一个像素代表着被扫描图像中一个极小的块,它是可调节的,以适应复杂程度不同的图形。显然,像元越小,扫描越详细,但数据量呈指数关系增大。对于黑白图像,扫描数据可按灰度格式或二值格式保存;对于彩色图像,一般是用 3 种颜色(红、绿、蓝)分别进行处理,得到包含 3 种颜色比例信息的结果。

扫描单色线划图时,通过扫描产生的数字信号最初为灰度值,为了将灰度值转换成黑白二值数据,必须进行门限处理。门限处理就是把每个像素的灰度值与门限值(人为确定的某一灰度值,亦称阈值)进行比较,以决定像素灰度暗到什么程度就必须转成黑或白,这样单色线划图扫描结果为数字二值图。如果扫描的是多色图,扫描前应将扫描头安置在待扫描图件上,在各种不同颜色的区域作"训练",分别测出各色中红、绿、蓝的比例,并作为样板存储起来,用于正式扫描比较。扫描开始后,扫描头感应到的具有不同颜色的要素,需与样板比较,从而实现分色(或分要素)扫描。如果是连续色调的图像,则以像元的灰度值记录。

扫描仪种类较多,常用的主要有光电感应式扫描仪和 CCD 阵列式扫描仪。

2. 扫描仪工作原理

(1)光电感应式扫描仪工作原理

光电感应式扫描仪是以前最常用的扫描仪,主要由三部分组成:滚筒、传感器和 x 滑轨,如图 2－22 所示。滚筒是固定原图的,利用真空吸附。传感器是由一个照明器和一个光电转换器组成,照明器投射一个光斑照亮原图上的检测点,光电转换器前端的扫描显微镜接收图像的反射光,光电管把光的强度转换成电流的强度,而电流的强度可由数值表示,并输入计算机。滚筒以很小的角步距旋转,对原图逐点量测,当滚筒旋转一周后,使传感器沿 x 滑轨移动一个行宽,滚筒再继续旋转,直至整幅地图扫描结束,则得到原图像元的整个栅格数据。

(2)CCD 阵列式扫描仪工作原理

目前使用的扫描仪多数为 CCD 阵列(Charge Coupled Device,电荷耦合传感器,通常排成一个线性阵列)式扫描仪,如图 2－23 所示,主要由驱动滚筒、扫描光源和 CCD 阵列组成。基本工作原理是用扫描光源照射待扫材料,然后经一组镜面反射到 CCD 阵列,CCD 阵列将不同强弱的亮度信号转换为不同大小的电信号,再经 A/D 变换,产生一行图像数据,最后传输给计算机,经适当的软件处理,以图像数据文件的形式存储和使用。

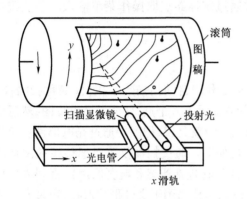

图 2 – 22　光电感应式扫描仪工作原理

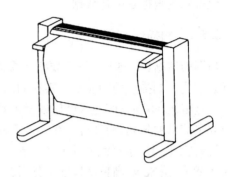

图 2 – 23　CCD 阵列式扫描仪外形

3. 扫描仪的性能指标

扫描仪的性能指标有很多,主要有以下几个方面。

(1)分辨率

扫描仪的分辨率用每英寸像元点数表示,它是扫描仪的重要精度指标,通常以 dpi(注:dpi 为专业领域习惯用语,为便于教学,本书沿用此单位。dpi 即 dot per inch,每英寸的像元点数,1 inch = 2.54 cm)为单位。扫描仪的分辨率又分为光学分辨率和实际扫描分辨率。

光学分辨率是扫描仪光电转换器件的物理精度。以 CCD 阵列为光电转换器件的扫描仪的分辨率取决于 CCD 阵列的集成度,目前台式扫描仪的光学分辨率在 600 dpi 左右。

实际扫描分辨率是扫描仪在扫描图像时,每英寸产生的实际像元数。对于绝大多数扫描仪,这是一个可以调整的参数。最简单的办法,是当扫描分辨率等于光学分辨率时,按照光学分辨率产生数据即可;以低于光学分辨率的实际扫描分辨率扫描图像时,可间隔地进行数据采样;当要获得高于光学分辨率的图像时,需要在各个扫描像元之间插入适当的值。平均值插入是常用的插值算法。一般来说,扫描仪的最大实际分辨率是其光学分辨率的 2 的整数倍。例如,一台光学分辨率为 400 dpi 的扫描仪,它的最大实际扫描分辨率可能是 800 dpi 或 1 600 dpi。

(2)数据类型

扫描所能产生的数据类型常见的有以下 4 种:

①黑白二值图形文字线条数据(B/W Line Art,简称黑白二值数据)。所谓黑白二值图形文字线条数据,就是简单地将多彩的世界根据其亮度情况通过一个亮度阈值归结为黑或白二值,非"0"即"1",每个像元用一个二进制位来表示。这是最为普通的一种扫描模式。所有的扫描仪,不论幅面大小和其他方面的性能如何,都支持这种数据类型。

②黑白灰度数据(B/W Gray Scale)。黑白灰度数据就是将图像的亮度等分成若干个层次(一般为 16,64 及 256 个)来表现黑白效果,具有逼真的明暗深浅感觉。最常见的黑白灰度影像有 256 个灰度等级。

③彩色图形文字线条数据(Color Line Art,简称彩色数据)。以 2^8(256)种颜色来表现图像的颜色和亮度,其彩色数据由红、绿、蓝三色所组成。

④真彩色数据(True Color)。用 3 个字节(红、绿、蓝各一个字节),共 24 bit 来表示一个像元,每个像元的真彩色数据的红、绿、蓝三色也有 256 个亮度等级。这样的扫描图像可以完全真实地反映自然世界。很显然,同一幅图用真彩色扫描,数据量最大。

各种扫描仪支持的数据格式都向上兼容,即支持黑白灰度图像数据的扫描仪也支持黑白二值数据;支持彩色图像数据的扫描仪同时也支持黑白灰度图像数据和黑白二值数据。

(3)扫描速度

扫描仪的扫描速度是扫描仪的又一重要指标,这一指标决定着扫描仪的工作效率。一般而言,以 300 dpi 的分辨率扫描一幅 A4 幅面的黑白二值图像,时间应少于 10 s;同等情况下扫描黑白灰度图像需 10 s 左右;扫描彩色图像则需要更多的时间,如 HP ScanJet Ⅱ C 需 20 多秒,许多三次扫描的彩色扫描仪则要用 2 ~ 3 min。

(4)扫描区域与扫描仪幅面

扫描仪的扫描区域通常可以由软件设定,定义为扫描仪可扫描幅面内的任意大小的矩形区域。扫描仪幅面是扫描仪的最大扫描区域。目前,工程上使用的扫描仪主要有 A0 (841 mm × 1 189 mm)或 A1(594 mm × 841 mm)幅面扫描仪。

(5)亮度控制与对比度控制

扫描仪的亮度范围一般为 8,16,100 或 256,典型 HP ScanJet Ⅱ p/Ⅱ c 系列扫描仪,亮度范围为 − 127 ~ 127。

扫描仪的对比度范围一般为 100 或 256。

4. 扫描仪的使用

目前,在图形数字化作业中主要使用扫描数字化仪。下面以 Eagle SLI 3840 扫描仪为例简介扫描仪的使用方法,其步骤如下:

(1)预热扫描仪。

(2)打开计算机运行扫描程序。

(3)装入图纸。

(4)设置图纸扫描参数。在 Scan 界面上,输入恰当的图纸扫描参数:①文件名;②扫描类型;③数据格式;④分辨率;⑤扫描尺寸;⑥扫描速度;⑦门限值;⑧图像清除。在对话框中设置需删除的斑点大小及需填充的孔的大小,二者均以像素为单位。

(5)扫描。以上参数设置完毕后,单击 Scan 按钮开始扫描。

2.6　工程绘图仪

数控绘图仪是机助成图系统常用的图形输出设备。数控绘图仪(亦称自动绘图仪,简称绘图仪)基本功能是将计算机绘制的数字地图实现数图的转换。

2.6.1　绘图仪的种类与结构

数控绘图仪的种类很多、功能各异,常用的分类方式大致有以下几种:

(1)按外形可分为滚筒式绘图仪和平台式(亦称平板式)绘图仪;

(2)按驱动方式可分为步进电机绘图仪、伺服电机绘图仪和平面电机绘图仪;

(3)按绘图效果可分为笔式、光学式、静电式、喷墨式等不同类型的绘图仪;

(4)按绘图方式可分为矢量式绘图仪、栅格式绘图仪、打印式绘图仪等。

在机助制图中主要使用矢量平台式绘图仪和滚筒式(栅格)绘图仪,下面着重介绍这两类绘图仪。

矢量平台式绘图仪的一般形式如图 2 - 24 所示,由绘图平台、绘图笔架、导轨、滑轨(横梁)、驱动装置和控制电路等组成。横梁由 x 方向驱动电机带动,沿 x 向导轨运动。笔架由 y 向驱动电机带动,沿 y 向运动。将指令脉冲输入驱动电机,即可控制绘图仪画笔画图。在绘图时,将绘图介质用静电或真空吸附方法固定在平坦的绘图台面上,利用画笔在 x,y 方向上的移动产生矢量图形。矢量绘图仪可使用墨水笔、圆珠笔、铅笔,还有使用刻刀等特殊工具的。

矢量滚筒式绘图仪的一般形式如图 2 - 25 所示,它的特点是画笔只沿一个方向运动,在另一方向,靠滚筒(或滚轴)带动图纸运动。工作时,图纸紧贴圆柱形滚筒表面,随滚筒作正、逆向旋转而造成 x 方向的移动,绘图头则在平行于滚筒轴线导轨上作 y 方向移动。由 x,y 方向作矢量组合,实现矢量图形的绘制。滚筒式绘图仪可以在 x 方向连续绘制成图,绘图速度快,但绘图精度较低,通常用于校核图和绘制低精度图。

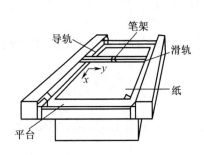

图 2 - 24　矢量平台式绘图仪

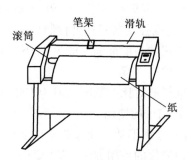

图 2 - 25　矢量滚筒式绘图仪

目前,使用最多的彩色喷墨绘图仪是采用打印机打印原理绘图的,即打印笔沿笔架运动,逐行以点阵打印图形。新型的喷墨绘图仪采用了静电绘图技术,取消了抬笔、落笔等机械动作,使绘图速度大大提高。该绘图仪可装入黄、青、红、黑四种墨水,能绘出漂亮的彩色图;可选择三种绘图速度(最高、正常、最低),以得到不同的打印质量(快速、正常、最佳);能在多种介质(绘图纸、普通纸、半透明纸、透明聚酯等)上绘图。喷墨绘图仪还能够完成区域填充、改变线条宽度、绘制阴影等一般笔式绘图仪不能进行的操作。

2.6.2　矢量绘图仪的工作原理

矢量笔绘图仪的基本动作只有 3 个:抬笔、落笔、走笔。绘图时绘图仪接收来自计算机的绘图命令(抬笔、落笔、移笔方向等),自动绘制线划图。如果绘图仪有多支绘图笔,命令中还有选择笔的信息,绘图仪的控制电路根据命令控制机械传动系统完成绘图动作。绘图仪要绘制出任意方向的光滑线段,关键是走笔,包括走向和步长。绘图笔与纸的相对动作一般有 8 个基本方向,每次移动一个步距,如图 2 - 26(a)所示。一般绘图仪只有 $+x$,$+y$,$-x$,$-y$ 四个动作,分别由 x 方向和 y 方向的两个步进电机驱动产生,如果在两点之间绘直线,则由上述 4 个基本方向的直线段组合成阶梯线近似而成,如图 2 - 26(b)所示。由于步距很小,这个阶梯线看起来仍为光滑直线。

矢量绘图仪绘图时要计算出笔头的走步(步数与方向),并要求走步轨迹与理论线误差

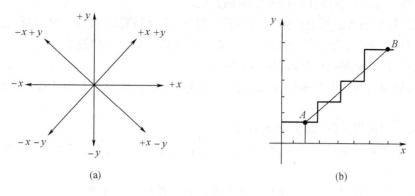

(a)　　　　　　　　　　　　　　　　(b)

图 2 – 26　矢量绘图仪的工作原理

最小,这种分段逼近的算法称为插补计算。逼近直线采用一次插补,逼近圆采用二次插补,曲线则可采用曲线拟合插补。逐点比较法是常用的插补算法。画笔每走一步,都要以其即时位置和要画的图形相比较,判别偏离情况,决定下一步的走向,使画笔尽量向规定的图形靠拢。在图 2 – 26 中,欲画直线 AB,从 A 点画起,若第一步向 +x 方向给进,第二步显然应向 +y 方向给进,才能靠拢要画的直线,否则就会远离直线。因此,画笔每走一步都要完成判别、给进、计算、终点判断等工作节拍,其流程如图 2 – 27 所示。在逐点比较法中,每次给进只允许沿一个方向进行,或者 x 方向,或者 y 方向,不会同时沿两个方向给进。

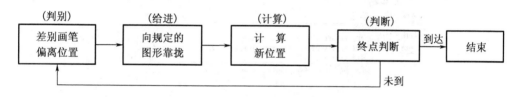

图 2 – 27　逐点比较法插补算法

2.6.3　喷墨绘图仪的使用

大幅面喷墨打印(绘图仪)是现代工程图档的主要输出设备,广泛应用于机电设计、建筑工程和 GIS 等领域的自动绘图。下面以 HP Designjet 5500 系列绘图仪为例,介绍喷墨绘图仪的使用。

(1)准备。安装绘图仪驱动程序,连接好绘图仪与计算机。

(2)接通绘图仪电源。在绘图仪前面的电源开关处于关闭状态下,将电源线插入绘图仪后面的插座,然后插入电源出口。先开计算机,再开绘图仪的电源。开机后绘图仪进行自检,等面板上显示出 STATUS/Ready 后方可进行其他操作。

(3)选用和装入合理的介质。HP Designjet 5500 系列大幅面绘图仪可使用多种不同的打印介质,如描图纸、绘图纸、涂料纸、厚相纸、透明胶片和 HP 喷墨重磅纸等。利用 CAD 软件的打印窗口设置打印幅面、尺寸和数量,选择介质类型和进纸方式,最后点击对话框下面的[确定]按钮,即可发送任务到绘图仪。

每次更换打印介质后,如果绘图仪检测到进纸时有偏斜,控制面板将会出现提示,要求重装介质,用户可按以下操作顺序调整滚筒介质。

①装纸时,按操作面板上的向上或向下方向键,选择将要装入的介质类型,直至液晶显示板显示正确的介质,然后按[输出]键,绘图仪探测到介质并自动进纸。

②面板出现提示时,提起介质装卡手柄。

③将滚筒左右两边的介质拉向自己,直至绷紧,然后校准介质左右边缘,与进纸滚柱的边缘对齐。

④面板上出现提示时,放下介质手柄。

⑤面板要求合上滚筒护盖时,用手转动滚筒,卷紧松动部分。确保介质前缘露在护盖外,然后合上护盖。

⑥按向下方向键继续,绘图仪自动修齐介质开始处的若干厘米。

⑦滚筒介质装好后可开始打印。

(4)打印操作过程

如果用户已完成 CAD 工程图的设计,打印时可按如下步骤。

①单击 CAD 应用程序"文件"菜单中的"打印"选项,屏幕上将显示打印设定对话框。

②在"名称"下拉列表框中选定要使用的 HP Designjet 5500ps 60 PS3 绘图仪,如图 2-28 所示,然后单击右侧"特性"按钮,弹出"文档属性"对话框,设定如下参数:纸张方向、页序、打印张数和打印颜色等,如图 2-29 所示,在"高级"设置选项中设置纸张/输出、图形、文档选项等高级参数,如图 2-30 所示。

图 2-28　选择打印机

(a)

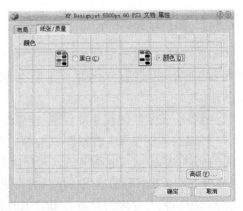

(b)

图 2-29　文档属性设置

(a)布局设置;(b)纸张/质量设置

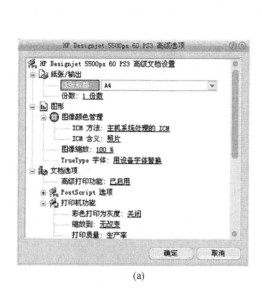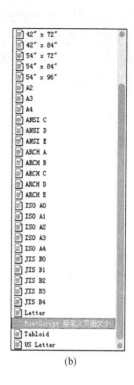

(a)　　　　　　　　　　　　　(b)

图 2 – 30　高级选项设置
(a)高级选项设置;(b)自定义面大小

③通过选择"PostScript 自定义页面大小"(如图 2 – 30(b))设定一些参数:页面大小尺寸、单位、送纸方向、纸张类型、相对于送纸方向的偏移量等,如图 2 – 31 所示。

图 2 – 31　自定义页面大小参数设置

④选择恰当的"打印质量"。可在最快速、生产、生产率、生产率 – 增强图像质量、最佳质量、最高质量 – 增强图像质量 6 种打印质量设定上切换,以控制图件的总体打印质量。若选择最高质量 – 增强图像质量,会获得该种介质的最理想质量,但打印时间会更长。

⑤设置参数后依次点击"确定"将设置保存。

⑥选择"打印区域"设置打印范围。

⑦选择"打印比例",有布满图纸和比例打印两种方式。

⑧选择"预览"功能,观察图档文件的图像输出效果。

(5)准备就绪后,从计算机传送图件,绘图仪接收到数据开始打印。

(6)打印完毕,卸下介质。

第3章 野外数据采集

3.1 GPS 控制测量

测量工作必须遵循"由整体到局部,先控制后碎部,从高级到低级"的原则。先建立控制网,然后根据控制网进行碎部测量。控制网又分为平面控制网和高程控制网。测定点的平面位置的工作,称为平面控制测量;测定点的高程的工作,称为高程控制测量。目前,数字化成图的外业控制测量一般分为 GPS 首级控制测量和全站仪导线测量及水准测量。

3.1.1 GPS 控制测量

GPS 控制测量,按其工作性质可分为外业和内业两大部分,外业工作主要包括选点、建立测站标志、埋石、野外观测作业以及成果质量检核等;内业工作主要包括技术设计、测后数据处理以及技术总结等。按照 GPS 测量实施的工作程序,大体分为以下几个阶段:GPS 控制网的优化设计、选点与埋石、外业观测、成果检核、数据处理、编制报告。

GPS 测量是一项技术复杂、要求严格、耗费较大的工作,实施的原则是,在满足用户对测量精度和可靠性等要求的情况下,尽可能地减少经费、时间和人力的消耗。因此,对其各阶段的工作,都要精心设计、组织和实施。

为了满足实际的要求,GPS 测量作业应遵守统一的规范和细则。GPS 控制测量与 GPS 定位技术的发展水平密切相关,GPS 接收机硬件与软件的不断改善,将直接影响测量工作的实施方法、观测时间、作业要求和成果的处理方法。

《全球定位系统(GPS)测量规范》将 GPS 控制网依其精度划分为 A,B,C,D,E 等不同级别,表 3-1 列出了它们的精度和标准。本章主要讨论其中的 C,D 和 E 级网的布设和观测。

表 3-1 GPS 网的精度标准

级别 项目	A	B	C	D	E
固定误差/mm	≤ 5	≤ 8	≤ 10	≤ 10	≤ 10
比例误差系数	≤ 0.1	≤ 1	≤ 5	≤ 10	≤ 20
相邻点最小距离/km	100	15	5	2	1
相邻点最大距离/km	1 000	250	40	15	10
相邻点平均距离/km	300	70	15~10	10~5	5~2

3.1.2 GPS 控制网布设

1. 野外选点

(1)选点

选点工作开始之前应收集测区有关资料,如地形图、行政区划图和已有的测绘成果;了解和研究测区情况,如交通、通信、供电、气象以及原有控制点情况。

野外选点的点位应符合下述要求:

①周围便于安置接收设备和操作,视野开阔,视场内障碍物的高度角应小于15°;

②点位应选在地基稳固、交通方便的地方,便于保存且利于其他测量手段联测或扩展;

③尽量避开大面积水域,以减弱多路径效应的影响;

④远离大功率无线电发射源(如电视台、微波站等),远离高压输电线和通信线以避免周围磁场对 GPS 卫星信号的干扰。

(2)埋石

点位选定后,按《规范》规定的规格埋设标石,并进行标记,绘制控制点点之记。

2. 布设特点

GPS 卫星定位技术布设控制网,不仅对点位图形结构没有太多限制,对点位之间的通视条件也没有严格要求。点位无须选在制高点,也无须建造觇标,这为 GPS 网的布设带来了极大便利。GPS 控制网的主要特点如下:

(1)GPS 接收机采集的是接收天线至卫星的距离和卫星星历等数据,要求向上通视,不强求点间通视。

(2)GPS 控制网淡化了"分级布网、逐级控制"的布设原则。在城镇及矿区范围布设 GPS 控制网,分为 C 级、D 级、E 级,不同等级网有不同的精度要求。不同等级的依存关系并不明显,高级网对低级网只起定位和定向作用,不再发挥整体控制作用。GPS 网的分级更侧重于针对地域范围和规模大小,在同一地区内,不需要分级布网。

(3)GPS 控制网对点的位置和图形结构没有过多要求,因为 GPS 网中各点的位置直接测定,并不是依图形逐点推算,所以点位结构、图形形状均与点的位置精度关系不大。

(4)控制点的位置是彼此独立直接测定的。因此,有关误差的传播和积累关系发生了变化,最弱边、最弱点的概念已不重要。

3. 布网原则

选择已有控制点资料,新布设的 GPS 网应尽量与原有平面控制网相连接。GPS 所测得的三维坐标,属于 WGS-84 世界大地坐标系。为了将它们转换成国家或地方坐标系,至少应该联测两个已有控制点。其中一个点作为 GPS 网在原有坐标系内的定位起算点,两个点之间方位和距离作为 GPS 网在原坐标系内定向和长度的起算数据。为了更加可靠地确定 GPS 网与原有网之间的转换参数,联测点最好多于 2 个,且要求联测点分布均匀、具有较高的点位精度。

利用已有水准点联测 GPS 点的高程,GPS 网所确定的三维坐标中,高程属于大地高。为转化为实际应用的正常高系统,应在 GPS 网中施测或重合少量几何水准点,应用数值拟合法(多项式曲面拟合或多面函数拟合)拟合出测区的似大地水准面,内插出其他 GPS 点的高程异常并确定出其正常高高程。

网点,GPS 网内各点虽不要求通视,但应有利于常规测量方法进行加密控制时应用。

网形,GPS 网应通过一个或若干个同步观测环构成闭合图形,以增加检核条件,提高网的可靠性。

3.1.3 GPS 控制网布设方案

GPS 控制测量全部采用相对定位方法,所以必须使用 2 台或 2 台以上接收机进行同步观测。同步观测的两点间构成同步观测边,又称基线,GPS 控制网的几何图形就是由基线相连接构成的整体网形。

1. 同步网(环)

同步网(环)就是由同步观测边所构成的几何图形,它取决于同步观测的接收机数量。在图 3 – 1 中,图(a)、图(b)、图(c)和图(d)分别是由 2 台、3 台、4 台接收机进行同步观测时的几何图形,均称为同步网。

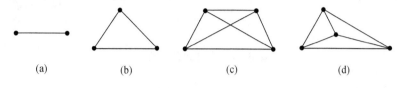

(a)　　　　　　(b)　　　　　　(c)　　　　　　(d)

图 3 – 1 同步网

图中同步观测点的数目为 n,则网中同步边(基线)的总数为 $s = n(n-1)/2$。

在 s 条基线中,只有$(n-1)$条独立基线,其余基线为非独立基线。当 $n \geqslant 3$ 时,多条基线可以围成多边形闭合环,称为同步环,其个数为

$$k = s - (n-1) = \frac{1}{2}(n-1)(n-2) \tag{3-1}$$

利用同步环所产生的坐标闭合差,可以评判同步网的观测质量。

2. 异步网(环)

GPS 控制点的数目多于同步观测的接收机台数时,就必须在不同时段观测多个同步网。由多个同步网相互连接的 GPS 网,称为异步网。

在测站上,自开始接收卫星信号进行观测至结束观测,连续工作所持续的时间称为观测时段。同步网在一个观测时段完成观测工作,异步网则需要多个观测时段,所以异步网的网形结构和观测时段设计密切相关。

异步网的测量方案取决于投入作业的接收机数量和同步网之间的连接方式,同步网之间不同的连接方式决定了异步网不同的网形结构,异步网的多余基线(非独立基线)数量和图形结构密切相关。同步网之间通过四种连接方式组成异步网,即点连式、边连式、混连式和网连式。

(1)点连式

多个同步网之间仅有一个点相连接的异步网称为点连式异步网,如图 3 – 2 所示。

图 3 – 2(a)中共有 11 个点,用 2 台接收机依次作同步观测,除 1,5 点设站 3 次外,其余点各设站 2 次,由 12 条同步边构成 2 个异步环。基线总数为 12,其中独立基线 10 条,非独立基线 2 条。

图 3 – 2(b)中共有 10 个点,用 3 台接收机分别在 5 个观测时段作同步观测,同步网间用 1,3,5,7,9 各点相连接,连接点上设站 2 次,其余点只设站 1 次。有 5 个同步环和 1 个异步环,基线总数为 15,其中独立基线 9 条,非独立基线 6 条。

在图 3 – 2(c)中共有 15 个点,用 4 台接收机分别在 5 个时段作同步观测。有 5 个同步环和 1 个异步环。在 30 条基线总数中有 14 条独立基线,16 条非独立基线。

(2)边连式

同步网之间有 1 条基线边相连接的异步网称为边连式异步网,如图 3 – 3 所示。

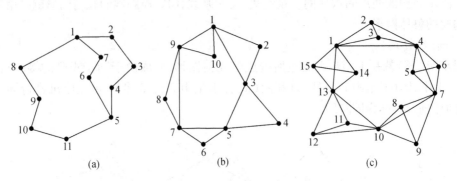

图 3 - 2　点连式异步网

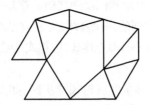

图 3 - 3　边连式异步网

图 3 - 3(a)表示用 3 台接收机分别在 9 个时段先后作同步观测,同步网之间有 1 条公共基线连接,网中有 9 个同步环、1 个异步环、9 条重复基线。

图 3 - 3(b)表示用 4 台接收机先后在 7 个观测时段进行同步观测,网中有 7 个同步环、1 个异步环、7 条重复基线。

(3)混连式

混连式是点连式与边连式相混合的一种连接方式,如图 3 - 4 所示。

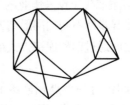

图 3 - 4　混连式异步网

(4)网连式

在图 3 - 3(a)的中部空白处用 3 台接收机增加 2 个观测时段,在图 3 - 3(b)的空白处用 4 台接收机增加 1 个观测时段,就形成网连式异步网。

同步网之间的连接方式很多,不同的连接方式,工作量大小不同,检核条件也不同,在设计测量方案(观测时段)时,应考虑接收机的数量和精度、工作量大小、卫星运行状态、测区需求、车辆调度、迁站时间等多方面因素进行权衡,作出最佳选择。

3.1.4　GPS 野外数据采集

1. 准备工作

对于新选设的 GPS 点,一般不建觇标,作业人员到达地点后,即可安置天线,连接电缆,并按照接收机操作规定对接收机进行预热和静置。

对于建造有觇标的国家大地控制点,原则上应拆除觇标(或卸掉觇标顶部)。如果设计的观测时段较长,基线较短(<10 km),则宜使用双频接收机。作业时,可在寻常标下设置天线,基线精度基本不受影响。

2. 安置天线

天线安置实际上就是对中整平,量取记录天线高。

3. 数据采集

在离天线不远的地面上安装接收机,连接各种电缆(包括接收机、天线、电源等之间的电缆),启动接收机进行数据采集。

开机后,作业人员要输入或记录测站的初始信息,如测站名、点号、时段号、天线高、仪器编号等。接收机自动捕获 GPS 卫星信号,对其接收、跟踪和处理存储采集的信息和数据。数据采集过程中,作业员可随时使用专用功能和选择菜单,查看测站信息、接收卫星数量、卫星号、各通道信噪比、相位测量残差、实时定位结果存储介质记录情况等。一个观测时段的数据采集由接收机自动完成,并记录在存储介质上。但是,每一站点仍需按规定格式记录有关信息和数据,GPS 测量作业技术规定见表 3 – 2,GPS 测量纪录手簿格式见表 3 – 3。

表 3 – 2　GPS 测量作业技术规定

项目 \ 级别			C	D	E
卫星高度角/°			≥ 15	≥ 15	≥ 15
同时观测有效卫星数			≥ 4	≥ 4	≥ 4
有效观测卫星数			≥ 6	≥ 4	≥ 4
观测时段数			≥ 2	≥ 1.6	≥ 1.6
时段长度/min	静态		≥ 90	≥ 60	≥ 40
	快速静态	双频 + P(Y)码	≥ 10	≥ 5	≥ 2
		双频全波	≥ 15	≥ 10	≥ 10
		单频或双频半波	≥ 30	≥ 20	≥ 20
采样间隔/s	静态		10 ~ 60	10 ~ 60	10 ~ 60
	快速静态		5 ~ 15	5 ~ 15	5 ~ 15
时段中任一卫星有效观测时间/min	静态		≥ 15	≥ 15	≥ 15
	快速静态	双频 + P(Y)码	≥ 1	≥ 1	≥ 1
		双频全波	≥ 3	≥ 3	≥ 3
		单频或双频半波	≥ 5	≥ 5	≥ 5
PDOP			≤ 8	≤ 10	≤ 10

表 3 – 3　　GPS 测量记录手簿格式

点号		点名		图幅编号	
观测员		记录员		观测日期	
接收机名称及编号		天线类型及其编号		存储介质编号、数据文件名	
近似纬度	(° ′ ″)N	近似经度	(° ′ ″)E	近似高程	m
采样间隔	s	开始记录时间	h min	结束记录时间	h min
站时段号		日时段号		点位略图	
天线高测定		测定方法			
测前测后平均值					

数据采集注意事项：

（1）由于是数台接收机同步作业，所以必须协同工作，遵守调度命令，按规定时间进行作业；

（2）在一个观测时段中，接收机不得关闭和重新启动，不准改变卫星高度角的限值和天线高，不得碰动天线和阻挡信号；

（3）经过认真检查，完成规定的作业项目并符合要求，记录与资料完整无误，方可迁站。

3.1.5　数据处理

GPS 控制测量的数据处理，一般借助相应的数据处理软件完成。随着 GPS 测量技术的不断发展，数据处理软件的功能和自动化程度不断增强和提高。本节简单介绍数据处理的过程和内容，不研究具体的数学模型。

数据处理的基本流程如图 3 – 5 所示。数据处理包括数据的粗加工和预处理，基线向量计算和基线网平差计算，坐标系统转换或与地面网的联合平差。

GPS 控制测量数据处理与常规测量数据处理相比较，有三个显著特点。

1. 数据量大

若按每 15 s 采集一组数据，一台接收机连续观测 1h 将有 240 组数据。每组数据都含有对若干颗卫星（≥ 4）的伪距、载波相位观测值、卫星星历和气象数据等。GPS 观测时使用几台接收机同步观测，将会有上万个甚至更多的数据。

2. 处理过程复杂

从采集到的原始数据到 GPS 成果，整个处理过程十分复杂，每一过程的数学模型和计算方法各不相同，每一过程都需要对不同的数据进行有序的组织、检验和分析，处理过程非常复杂。

3. 自动化程度高

GPS 数据处理多数都随机带有解算软件，将观测获得数据传送到计算机，由计算机进行

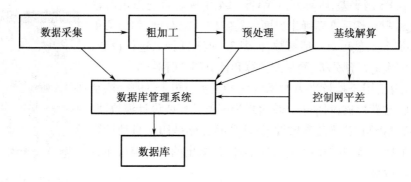

图 3 - 5　数据处理流程图

自动解算。

3.1.6　GPS 静态数据处理简介

基于 LGO(LEICA Geo Office)的 GPS 静态数据处理步骤如下。

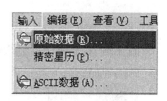

第一步:打开 LGO,新建一个项目(如命名为 fuyuD级)。

第二步:输入原始观测数据,并将其分配到已经建立的项目中,如图 3 - 6 所示。

图 3 - 6　输入原始数据

第三步:GPS 基线处理,点击屏幕下方的 GPS·处理 图标,在新弹出的界面中进行 GPS 基线处理。在处理之前需要将处理模式改为"自动",如图 3 - 7(a)所示;同时还需要设置"处理参数",如图 3 - 7(b)所示;参数设置完毕后选中"全部选择",此时所有基线将被选中,并变成绿色,最后选择"处理"进行基线处理,如图 3 - 7(c)所示。

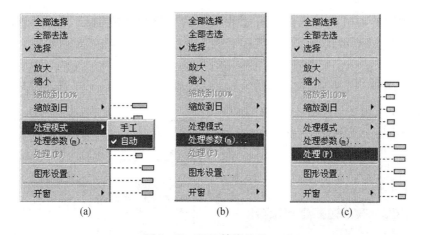

(a)　　　　　　　　(b)　　　　　　　　(c)

图 3 - 7　GPS 基线处理

(a)自动处理模式;(b)处理参数设置;(c)基线处理

解算完毕之后,检查模糊度状态,都为"是",空白处点击右键进行存储,如图 3 - 8 所示。点击屏幕下方的 结果 图标可以查看基线等信息。

第四步：GPS 网平差，解算网点 WGS - 84 坐标。首先点击屏幕下方的 ⌖平差 图标，然后在新弹出界面中的空白处击右键，弹出菜单如图 3 -9(a)所示；然后对一般参数，如图 3 -9(b)所示，进行设置；设置完毕后依次进行预分析、网平差计算和计算闭合环处理。

其中：预分析用于检核平差时网的先验误差，同时还进行控制检核和数据的数学检核；网平差计算表现为平差计算或设计模拟，取决于一般参数"控制点"下的参数设置；计算闭合环是用于自动计算网型环和环的闭合差，并找出所有最短的环，计算出的闭合差可通过 W - 检验进行检验。

依次进行预分析、网平差计算和计算闭合环处理后即可查看

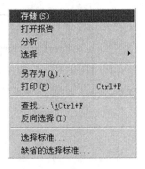

图 3 -8　存储解算结果

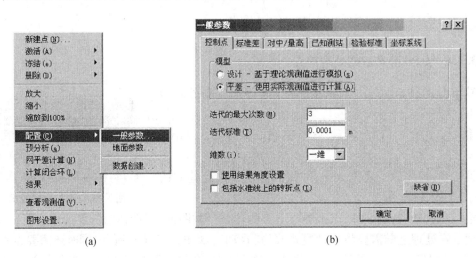

(a)　　　　　　　　　　　　　　　　　　(b)

图 3 -9　网平差计算

(a)配置参数；(b)一般参数设置

解算结果，如图 3 -10(a)所示；查看平差报告中的 F 检验，如果显示"接受"，则表明满足要求，如图 3 -10(b)所示。

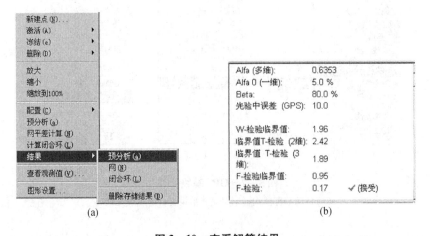

(a)　　　　　　　　　　　　　　　　　　(b)

图 3 -10　查看解算结果

(a)平差结果；(b)F 检验

第五步:坐标转换,解算未知点的地方坐标。

①在坐标转换之前,需要新建一个项目,用来存放已知点当地坐标。

②然后给已知点当地坐标建一个坐标系统投影:点击 ▓ 图标,右击投影,新建一个投影,如图 3 - 11(a)所示。

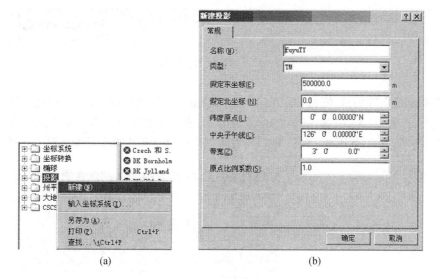

(a)　　　　　　　　　　　　　　(b)

图 3 - 11　新建投影

(a)建立投影;(b)新建投影对话框

③在新建投影对话框中输入名称(如 fuyuTY),选择投影类型(如 TM),输入伪东坐标常数、中央子午线和带宽,然后确定,投影建立完毕,如图 3 - 11 (b)所示。

④然后再给已知点当地坐标建一个坐标系统:点击 ▓ 图标,右击坐标系统,新建一个坐标系统,如图 3 - 12(a)所示。

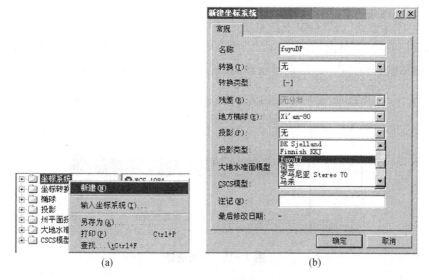

(a)　　　　　　　　　　　　　　(b)

图 3 - 12　新建投影

(a)建立坐标系统;(b)新建坐标系统对话框

⑤输入新建坐标系统的名称(如 fuyuDF),并选择正确的地方椭球(如西安 80),再选择投影类型(选择刚建好的投影,如 fuyuTY),然后确定,坐标系统建立完毕,如图 3 – 12(b)所示。

⑥在已知点所在项目的坐标系统处单击两下左键,显示坐标系统列表,选择刚建立好的坐标系统,如图 3 – 13 所示。

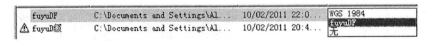

图 3 – 13　修改项目坐标系统

⑦选中刚建立的项目,将已知点的 ASCII 数据输入已知点项目,如图 3 – 14(a)所示,ASCII文件格式为:点名,Y,X, h;输入时在"步骤 3/4",分别在 0 的位置击右键输入点标志,在 1,2,3的位置输入坐标类型,如图 3 – 14(b)所示,设置完毕后将 ASCII 数据分配到已知点项目。

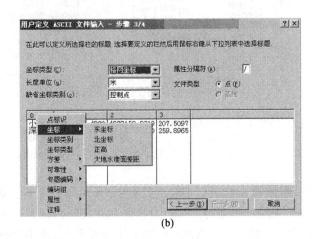

图 3 – 14　输入 ASCII 数据

(a)输入 ASCII 数据;(b) 修改点标志和坐标类型

第六步:基准投影,在**工具(T)**下拉菜单中选择 **基准/投影(D)**,然后在软件上半窗口选择原始静态数据所在项目,下半窗口选择地方点所在项目,如图 3 – 15 所示;然后点击 **匹配** 图标,在新弹出对话框空白处击右键,选择配置,设置转换参数,如图 3 – 16 所示。

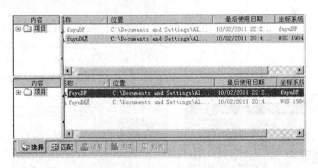

图 3 –15　项目选择

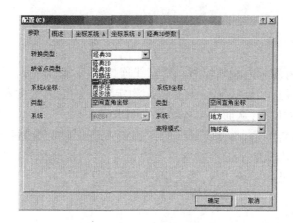

图 3 - 16　设置配置参数

设置完配置参数后,空白处击右键选择自动匹配,如图 3 - 17 所示;匹配结束后,点击 **结果** 图标,查看残差,如果残差合适,对结果进行存储,右击空白处选择存储即可,如图 3 - 18 (a)所示。存储时需要给定新参数集名称(如 fuyu84 - 80),并将新参数集名下面的两个复选框打勾,根据实际情况选择残差分配参数(若选择距离的倒数,则平差后已知点数值不变),然后确定,如图 3 - 18(b)所示。

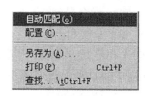

图 3 - 17　自动匹配

(a)

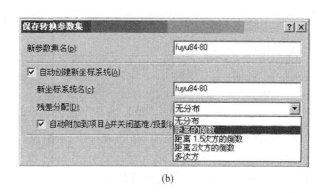

(b)

图 3 - 18　存储基准/投影转换结果

(a)存储转换参数;(b)转换参数存储设置

第七步:成果生成与输出。首先打开原始数据所在项目,然后点击屏幕下方的 **点(P)** 图标,在弹出的对话框中依次点击屏幕右上方的 和 图标,即可显示所有点的地方坐标成果;右击空白处,选择"另存为",即可将点成果输出保存。

3.2　全站仪导线测量

所谓导线,就是将测区内相邻控制点用直线连接而构成的折线。这些控制点称为导线点,相应的边称为导线边。导线测量就是依次测定各导线边的长度和转折角,根据起始数据,推算各边的坐标方位角,从而求出各导线点的坐标。

用全站仪测量各转折角,并测定导线的各条水平边长,称为全站仪导线测量。

导线测量是建立小地区平面控制网常用的方法,特别是地物分布较复杂的建筑区域,视线障碍较多的隐蔽区域和带状区域,多采用导线测量的方法。

3.2.1　布设形式

根据与高级控制点连接方法的不同,导线的布设形式主要有三种,即附合导线、闭合导线和支导线。

1. 附合导线

布设在两已知点之间的导线,称为附合导线,如图 3 - 19 所示。导线从一已知高级控制点 A 和已知方向 BA 出发,经过 1,2,3,4 点,最后附合到另一已知高级控制点 C 和已知方向 CD 上。这种布设形式也具有检核观测成果的作用。

2. 闭合导线

起讫于同一已知点的导线,称为闭合导线,如图 3 - 20 所示。

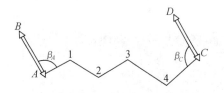

图 3 - 19　附合导线

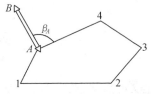

图 3 - 20　闭合导线

由一已知高级控制点 A 和已知方向 BA 出发,布设闭合多边形,导线经过 1,2,3,4,最后又回到 A 点。它本身存在着严密的几何条件,具有检核作用。

3. 支导线

导线从一已知高级控制点 A 和已知方向 BA 出发,既不回到 A 点,也不附合到另一已知控制点上,这种布局形式称为支导线。如图 3 - 21 所示,由于支导线没有

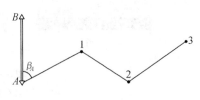

图 3 - 21　支导线

几何条件检核,观测成果中若有错误不易被发现,所以应用较少。在特殊情况下非用不可时,一般最多只能支出三个点,并需用往、返测量的方法检核测量的正确性。

3.2.2　导线测量的等级及技术要求

用导线测量建立小测区平面控制网,通常分为一级、二级、三级导线和图根导线四个等级。对于用全站仪量测的导线,其主要技术要求应符合表 3 - 4 的规定。

表 3-4　测距导线的主要技术要求

等级	附合导线长度/km	平均边长/m	每边测距中误差/mm	测角中误差/(″)	导线全长相对闭合差
一级	3.6	300	±15	±5	1/14 000
二级	2.4	200	±15	±8	1/10 000
三级	1.5	120	±15	±12	1/6 000

对于图根导线测量,其主要技术要求应符合表 3-5 的规定。

表 3-5　图根导线测量的技术要求

比例尺	附合导线长度/m	平均边长/km	导线相对闭合差	方位角闭合差/(″)
1∶500	500	75		
1∶1 000	1 000	110	1/2 000	$\pm 40\sqrt{n}$
1∶2 000	2 000	180		

注:n 为测站数。

3.2.3　全站仪导线测量外业观测

全站仪导线测量,分为外业和内业两部分工作。外业工作主要包括踏勘选点及建立标志(选点埋石)、测距、测角和连测。

1. 选点埋石

选点之前,应调查收集测区已有的地形图及高等级的控制点成果资料,然后根据要求拟定导线的布设方案,最后到野外实地踏勘,实地核对、修改、落实点位和埋石。如果测区内没有地形资料,则需详细踏勘现场,根据已知控制点的分布、测区地形条件和测区施工的需要,合理地选定导线点的位置。

在实地选点时,应注意以下几点:

(1)相邻两导线点之间必须互相通视,且地势应起伏不大,便于观测;

(2)导线点应选在土地坚实,便于安置仪器,且便于保存和易于寻找,并能保证观测人员和仪器安全的地方;

(3)各导线边长最好大致相等,尽量避免过长边和过短边相接;

(4)导线点应选在视野开阔,便于测图时能发挥控制作用的地方;

(5)导线点应有足够的密度,分布较均匀,便于控制整个测区。

导线点位选定后,要做上标志。对于临时性标志,一般是钉上木桩,在桩顶上钉一小铁钉作为导线点的标志。在较为坚硬的地面上(如水泥、柏油路)也可直接钉上水泥钉,用红油漆圈记。如若需要长期保存的导线点,应埋设石桩或混凝土桩,桩面上刻上“十”字作为标志。为避免混乱,导线点应按顺序统一编号。为了便于寻找,应在周围固定地物上用红油漆标注地物点至导线点的距离,并绘制点位略图。

2. 角度观测

导线中两相邻导线边构成的角称为转角,用全站仪观测。为了计算方便,观测的角度应在导线的同侧,一般是观测左角,即观测导线点前进方向左侧的角度。对于闭合导线,当导线点按逆时针方向编号时,则其内角就是左角。

3. 距离测量

各导线边的长度,一般用全站仪进行测量,并且与角度观测同时进行。

各等级导线用全站仪测定导线边长时,应在测距边长中加入各项改正数,并注意使用水平距离。

4. 连测

导线往往起始于高级控制点,导线连测的目的就是把高级控制点的坐标和坐标方位角传递到导线上。导线的连测必须观测连接角,如图 3 – 19、图 3 – 20 和图 3 – 21 中的 β_A 和 β_C 等。

3.2.4　全站仪导线测量内业数据处理

外业观测结束后,就要进行内业计算。内业计算的目的就是计算出各未知点的平面坐标。在介绍导线内业计算之前,先介绍坐标计算中的几个共同问题。

1. 坐标计算基础

(1)坐标方位角的推算

如图 3 – 22 所示,已知 AB 边的坐标方位角为 α_{AB},AB 边与 AP 边之间的夹角 β,则 AP 边的坐标方位角为

$$\alpha_{AP} = \alpha_{AB} + \beta \qquad (3-2)$$

若给定的方位角为 α_{BA},就不能利用上式进行计算。因为同一直线正、反方向的坐标方位角相差 $180°$,即 $\alpha_{AB} = \alpha_{BA} \pm 180°$,所以上式变为

$$\alpha_{AP} = \alpha_{BA} + \beta \pm 180° \qquad (3-3)$$

对于导线各边方位角写成

$$\alpha_{前} = \alpha_{后} + \beta_{左} \pm 180° \qquad (3-4)$$

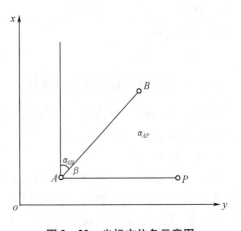

图 3 – 22　坐标方位角示意图

也就是说,按照导线前进的方向,前一条边的坐标方位角等于后一条边的坐标方位角加上左角,再加上或减去 $180°$,当 $(\alpha_{后} + \beta_{左}) < 180°$ 时,就加上 $180°$;当 $(\alpha_{后} + \beta_{左}) > 180°$ 时,就减去 $180°$。

假如观测的是导线的右角,坐标方位角的计算为

$$\alpha_{前} = \alpha_{后} - \beta_{右} \pm 180° \qquad (3-5)$$

即将右角变为负值即可。

(2)坐标增量的计算

所谓坐标增量就是两点的坐标之差。ΔX_{AB} 表示由 A 点到 B 点的纵坐标差,称为纵坐标增量,ΔY_{AB} 表示由 A 点到 B 点的横坐标差,称为横坐标增量。即

$$\left. \begin{array}{l} \Delta X_{AB} = D_{AB} \cdot \cos\alpha_{AB} \\ \Delta Y_{AB} = D_{AB} \cdot \sin\alpha_{AB} \end{array} \right\} \qquad (3-6)$$

式中,D_{AB} 和 α_{AB} 分别为两点间的水平距离和坐标方位角。

(3)坐标计算的基本公式

有了两点间的坐标增量,如果其中一点为已知点,则可以计算另一点的坐标,即

$$X_B = X_A + \Delta X_{AB} = X_A + D_{AB} \cdot \cos\alpha_{AB} \atop Y_B = Y_A + \Delta Y_{AB} = Y_A + D_{AB} \cdot \sin\alpha_{AB} \Bigg\} \qquad (3-7)$$

已知两点间的水平边长、坐标方位角以及已知点的坐标,就可以计算出待定点的坐标。

2. 闭合导线内业数据处理

应用前面各式只能用于计算支导线各点的坐标,如果应用于附合或闭合导线的计算,还必须解决观测数据中存在的误差问题。由于所观测的角度和边长不可避免地带有误差,因此在内业计算中将产生两种矛盾:一是所观测的角度之和不一定等于理论上的数值,二是从已知点出发依次计算各点的坐标,最后附合到另一已知点或再回到起始点,计算的坐标结果与原来的已知值一般也不相等。如果能解决这两个矛盾,就可以应用前面所介绍的内容计算各导线点的坐标。下面就介绍闭合导线的计算。

(1)准备工作

在计算开始之前,应全面检查导线测量的外业记录,查看数据是否齐全,有无记错、算错的地方,成果是否符合各项限差的要求,起始数据是否正确等。只有在确信成果无误后,方可进行下一步工作。接着是绘制导线略图,在图上注明导线点的编号、边长和角度。

(2)角度闭合差的计算及其分配

闭合导线实际上是一个多边形,其内角和的理论值 $\sum\beta_{理}$ 应等于$(n-2)\cdot180°$,其中 n 为闭合多边形的内角个数。

由于角度观测值带有误差,使得实测的内角和 $\sum\beta_{测}$ 与 $\sum\beta_{理}$ 不相等,它们之间的差值称为角度闭合差,用 f_β 表示

$$f_\beta = \sum\beta_{测} - \sum\beta_{理} = \sum\beta_{测} - (n-2)\cdot180° \qquad (3-8)$$

角度闭合差的大小,反映了角度观测的精度。因此不同等级的导线,对角度闭合差都有不同的规定。若 f_β 不超过 $f_{\beta允}$,则进行角度闭合差的分配。否则称闭合差超限,需要重新观测。

角度闭合差的分配原则是将角度闭合差 f_β 以相反的符号平均分配到各观测角中,使改正后的角度之和等于理论值。每个角的改正数用 V_β 表示,即

$$V_\beta = -f_\beta/n \qquad (3-9)$$

当上式不能整除时,通常对一些短边组成的角多分配一点,使各角改正数的总和等于闭合差,符号相反,即

$$\sum V_\beta = -f_\beta \qquad (3-10)$$

(3)坐标方位角的推算

角度经过改正后,根据已知的坐标方位角和改正后的转折角,按公式 $\alpha_{前} = \alpha_{后} + \beta_{左} \pm 180°$ 依次推算各边的坐标方位角。为了检查计算过程中有无错误,最后还必须计算到已知起始边的坐标方位角,以便检核。

(4)坐标增量的计算

计算出各边的坐标方位角之后,即可根据各边的水平距离及坐标方位角计算坐标增量。

(5)坐标增量闭合差的计算及其调整

对于闭合导线,由于是从某起点开始最后又回到该点,因此无论边数多少,其纵横坐标增量的代数和,理论上都应等于零。

　　但在实际工作中,由于边长有误差,改正后的角度也还包含有误差,所以计算出来的纵、横坐标增量的总和 $\sum \Delta X_{测}$ 和 $\sum \Delta Y_{测}$ 一般都不等于零。这种与理论值不相等的差值即为导线的坐标增量闭合差,分别以 f_X,f_Y 表示,即

$$\left.\begin{array}{l} f_X = \sum \Delta X_{测} - \sum \Delta X_{理} = \sum \Delta X_{测} \\ f_Y = \sum \Delta Y_{测} - \sum \Delta Y_{理} = \sum \Delta Y_{测} \end{array}\right\} \tag{3-11}$$

　　由于有坐标增量闭合差的存在,使得计算所得的点与起始点不重合,而有一段距离,这段距离称为导线全长闭合差,以 f_D 表示,即

$$f_D = \sqrt{f_X^2 + f_Y^2} \tag{3-12}$$

　　用导线全长闭合差除以导线全长 $\sum D$,得到衡量测量精度的导线全长相对闭合差,以 K 表示。通常将 K 化为分子为 1 的分数。即

$$K = \frac{f_D}{\sum D} = \frac{1}{\sum D / f_D} \tag{3-13}$$

　　K 的分母越大,精度越高。不同等级的导线全长相对闭合差的允许值 $K_{允}$,见表 3-4、表 3-5。若 K 超过 $K_{允}$,则说明成果不合格,应检核问题及原因或到现场进行检查或重测。若 K 不超过 $K_{允}$,则说明符合精度要求,即可进行坐标增量闭合差的分配。

　　坐标增量闭合差分配的原则是将纵横坐标增量闭合差 f_X,f_Y 以相反的符号按与边长成正比分配到相应边的纵横坐标增量中。以 V_{Xi},V_{Yi} 分别表示第 i 条边的纵横坐标增量改正数,则

$$V_{Xi} = -\frac{f_X}{\sum D} D_i, \quad V_{Yi} = -\frac{f_Y}{\sum D} D_i \tag{3-14}$$

　　由于凑整原因,可能还存在微小的不符值,这时应给长边以较大的改正数,使改正数的总和等于闭合差,符号相反,即

$$\sum V_{Xi} = -f_X, \quad \sum V_{Yi} = -f_Y \tag{3-15}$$

　　上式可作为计算的检核。各边坐标增量的计算值加上相应改正数,即为各边改正后的坐标增量。

　　(6)导线点坐标计算

　　根据起始点的已知坐标及改正后的坐标增量,按下式依次推算其他各导线点的坐标

$$\left.\begin{array}{l} X_{前} = X_{后} + \Delta X_{改} = X_{后} + \Delta X_i + V_{Xi} \\ Y_{前} = Y_{后} + \Delta Y_{改} = Y_{后} + \Delta Y_i + V_{Yi} \end{array}\right\} \tag{3-16}$$

　　最后还需计算起始点的坐标,其结果应与已知值相等,作为计算的检核。

　　3. 附合导线内业数据处理

　　附合导线的内业计算与闭合导线基本相同,只是角度闭合差和坐标增量闭合差的计算方法略有不同。

　　(1)角度闭合差计算

　　起始边 BA 和终边 CD 的坐标方位角为 α_{AB} 和 α_{CD},根据 α_{BA} 以及各观测角 β_1,β_2,$\cdots$,β_n,可以推算出终边 CD 的坐标方位角 α'_{CD},理论上应等于已知值 α_{CD},但由于存在测量误差,两者的差即为角度闭合差,即

$$f_\beta = \alpha'_{CD} - \alpha_{CD} = \sum \beta_i + n \times 180° - (\alpha_{CD} - \alpha_{BA}) \tag{3-17}$$

如果小于 f_β 允许值,可取相反符号平均分配给各观测角。

（2）坐标增量闭合差的计算

附合导线纵、横坐标增量代数和的理论值应等于终点和始点已知坐标值的差。由于边长和改正后的角度还有误差,因此此计算值与理论值不相等,则其坐标增量闭合差为

$$\left. \begin{aligned} f_X &= \sum \Delta X_{测} - (X_{终} - X_{始}) \\ f_Y &= \sum \Delta Y_{测} - (Y_{终} - Y_{始}) \end{aligned} \right\} \tag{3-18}$$

导线全长闭合差及导线全长相对闭合差的计算与闭合导线相同,闭合差分配的方法也与闭合导线相同。

3.2.5　导线平差解算简介

NASEW 智能图文网平差软件,是一款适用于各种测量控制网平差的工具软件。实现了从数据采集、记簿整理、平差和成果打印的一体化。该软件具有适用于任意网型、智能化推理、多种平差方法、自动生成各种误差椭圆和网图及全部的平差成果输出、广泛兼容性、操作简单等特点。基于 NASEW 智能图文网的导线平差过程如下。

第一步:新建工程文件,将控制网数据按边角格式录入并保存,如图 3-23 所示。

第二步:根据控制网等级及精度要求,选择平差"计算方案",在弹出的"设置计算方案"对话框中设置"处理网形""处理方法""观测等级"和"设计参数"等参数。

测站 1	i=0	格式 边角 ▼
照准点	水平方向	平距
B	0.00000	-999.0000
2	248.54250	47.0390
	-999.00000	-999.0000

图 3-23　导线边角数据录入

第三步:闭合差计算,软件根据输入的观测值,自动搜索出任意控制网的所有条件路线,并计算统计控制网的每一项闭合差、权倒数和限差等;同时还可以列表和附图的形式提供导线最大边长误差和最大方向误差。

第四步:坐标概算,根据已经输入的观测数据和固定点,计算所有待定点的坐标和高程,对多余观测计算出差值供检校用。

第五步:选择概算,概算内容如图 3-24 所示。其中"归心改正"是根据归心元素对控制网中的相应方向作归心改化;"高斯改化"是对控制网中的方向和距离观测值作高斯改化;"Y 含 500 公里"是如果 Y 坐标为含 500 km 常数的数,则在高斯改化时,系统将予以考虑,则归算改化中 Y 值在内部被减 500 km。

图 3-24　控制网概算

第六步:平差计算,其中"单次平差"提供的控制网基本精度有固定误差、比例误差、单位权中误差 m,最大点位误差、最大点间误差和最大边长比例误差;"选择平差"是对控制网采用间接平差方式进行平差,如图 3-25 所示,平差方法有单次平差、丹麦法、带权探测法、HUBER 法、周江文法、多粗差后剔除、迭代平差和验后定权法等。

图 3 - 25　导线平差计算

第七步:大地正反算,如图 3 - 26 所示。

第八步:平差报告的生成和输出,根据需要提交成果的要求设置成果内容等,如图 3 - 27 所示。

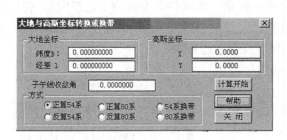

图 3 - 26　大地正反算

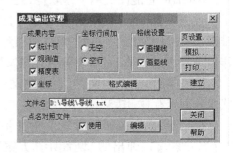

图 3 - 27　成果输出

3.3　水　准　测　量

3.3.1　水准点

水准测量是从已知高程点开始的,国家测绘部门根据青岛水准原点,在全国范围内埋设了很多点并用水准测量方法测算出这些点的高程并作为测量高程依据的地面点,这些点就是水准点,用 BM 表示。水准点按精度高低可以分为一、二、三、四共四个等级,国家等级水准点必须埋设水准标志,并绘出点之记,其埋设方法在《国家水准测量规范》中有明确规定,如图 3 - 28 所示。工程建设中进行的多为四等以下的普通水准测量,需长期保存

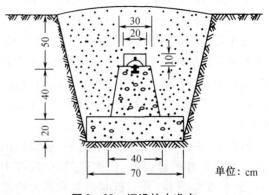

单位: cm

图 3 - 28　埋设的水准点

的永久性水准点一般用混凝土或钢筋混凝土制成并按规定埋设,不需长期保存的临时水准点可用木桩打入地面,桩顶打上铁钉作为标志,或直接选用地面上硬岩石作为水准点。

3.3.2　水准路线

水准测量所经过的线路称为水准路线。水准路线有单一水准路线和水准网两种,这里仅介绍比较简单的单一水准路线,单一水准路线有三种基本布设形式。

1. 闭合水准路线

从某一已知高程水准点出发,沿若干待测高程点进行水准测量,最后又回到原已知点所构成的环形路线称为闭合水准路线,如图 3 - 29(a)所示。

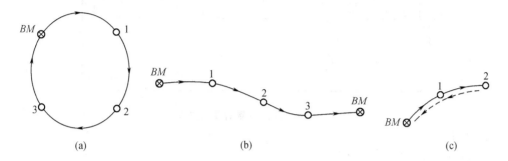

图 3 - 29　水准路线

(a)闭合水准路线;(b)附合水准路线;(c)支水准路线

2. 附合水准路线

从某一已知高程水准点出发,沿若干待测高程点进行水准测量,最后测到另一已知高程水准点所构成的路线称为附合水准路线,如图 3 - 29(b)所示。

3. 支水准路线

从某一已知高程水准点出发,沿若干待测高程点进行水准测量,既不闭合也不附合的路线称为支水准路线,如图 3 - 29(c)所示。为了校核,支水准路线应进行往返测量。

3.3.3　水准测量的方法与校核

水准测量时,当所测两点相距较远或高差较大时,不可能安置一次仪器就能测出两点间的高差,如图 3 - 30 所示,此时,必须先选若干个过渡点,将测量路线分成若干段进行观测,这些过渡点称为转点,用 TP 表示。显然每安置一次仪器就可测出一段高差,每段高差为

$$\left.\begin{aligned} h_1 &= a_1 - b_1 \\ h_2 &= a_2 - b_2 \\ &\vdots \\ h_n &= a_n - b_n \end{aligned}\right\} \tag{3-19}$$

将上述各式相加得

$$\sum h = \sum a - \sum b \tag{3-20}$$

高差测出后,根据起始点 A 的高程,计算 B 点高程

$$H_B = H_A + \sum h \tag{3-21}$$

现仍以图 3 - 30 为例,介绍普通水准测量的观测步骤、记录计算及校核方法。

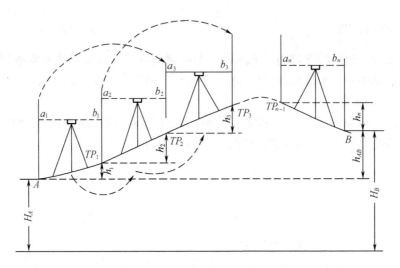

图 3 - 30　水准测量的观测方法

1. 观测方法

(1)测站观测与记录

选好第一个转点 TP_1,在 A 和 TP_1 两点间安置仪器进行第一站观测。测站观测步骤如下：

①安置并粗平仪器；

②瞄准后视点(A)上的后视尺,精平后读黑面中丝读数,记入表3-6中第3栏；

③照准前视点(TP_1)上的前视尺,精平后读黑面中丝读数,记入图中第4栏；

④计算测站高差,并将结果记入表中第5或第6栏。

选好第二个转点 TP_2,将水准仪搬至 TP_1 和 TP_2 两点的中间,A 点上的水准尺移至 TP_2 点,按上述测站观测方法进行第二站的观测、记录和计算工作(第二站的后视点为 TP_1,前视点为 TP_2)。依次观测至终点结束。

表 3 - 6　普通水准测量观测手簿

	点号	水准尺读数/m		高差/m		高程/m	备注
		后视(a)	前视(b)	+	−		
1	2	3	4	5	6	7	8
1	A	0.676				49.872	
	TP_1		0.343	0.333			
2	TP_1	1.265					
	TP_2		0.692	0.573			
3	TP_2	0.843					
	TP_3		0.424	0.419			
4	TP_3	1.002					
	B		1.411		0.409	50.788	
计算		$\sum a = 3.786$	$\sum b = 2.870$	$\sum = +1.325$	$\sum = -0.409$		
校核		$\sum a - \sum b = +0.916$		$\sum = +0.916$		+0.916	

注:表中有下画线的数据为已知数据,下同。

（2）高程计算

计算 B 点高程，记入表 3 – 6 中第 7 栏。

（3）计算校核

水准测量要求每页记录都要进行计算校核，如表 3 – 6 中最后两行的计算，先分别计算出 $\sum a$，$\sum b$，$\sum h$，若 $\sum a - \sum b = \sum h$ 及 $H_B - H_A = \sum h$，则说明计算正确。

2. 水准测量校核方法

计算校核只能检查出计算有无错误，不能检查观测是否有误，因此，水准测量中还要采用一定的方法进行校核。

（1）测站校核

为保证测量精度，在每站观测时都要进行测站校核，测站校核常用双面尺法和变动仪器高法。

①双面尺法

用双面尺的红、黑面所测高差进行校核，当这两个高差之差不大于 5 mm 时，取其平均值作为该站高差，否则应重测。

②变动仪器高法

若不用双面尺观测，可在测站上用不同的仪器高（高度相差 > 10 cm）观测两次高差，若这两个高差之差不大于 5 mm，取其平均值，否则应重测。

（2）路线校核

测量工作不可避免地会产生误差，测站校核只能检查出每个测站的观测计算是否符合要求。对一条水准路线而言，有些误差在一个测站上反映不很明显，但随着测站数的增多，这些误差积累起来就有可能使整条水准路线的测量成果产生较大的差异，因此，水准测量外业结束后，还要对水准路线高差测量成果进行校核计算。

测量上把水准路线高差观测值与其理论值之差称为水准路线高差闭合差。单一水准路线高差闭合差的计算公式如下。

①闭合水准路线

由于闭合水准路线高差的理论值 $\sum h_{理}$ 等于零，故各测段高差的代数和即为其高差闭合差，即

$$f_h = \sum h_{测} - \sum h_{理} = \sum h_{测} \qquad (3-22)$$

②附合水准路线

由于起点至终点的高差理论值为 $\sum h_{理} = \sum H_{终} - \sum H_{始}$，故附合路线高差闭合差为

$$f_h = \sum h_{测} - \sum h_{理} = \sum h_{测} - \left(\sum H_{终} - \sum H_{始} \right) \qquad (3-23)$$

③支水准路线

支水准路线一般采用往返观测进行校核，往返观测高差理论值应大小相等、符号相反，故其高差闭合差可表示为

$$f_h = \left| \sum h_{往} \right| - \left| \sum h_{返} \right| \qquad (3-24)$$

《工程测量规范》对水准测量路线高差闭合差的最大容许值作了具体的规定。普通水准测量的路线高差闭合差容许值为

$$f_{h容} = \pm 40 \sqrt{\sum L} \qquad (3-25)$$

或
$$f_{h容} = \pm 12 \sqrt{\sum n} \qquad (3-26)$$

式中,$\sum L$为水准路线总长度,单位是 km;$\sum n$为水准路线总测站数;支水准路线的$\sum L$或 $\sum n$ 以单程计;$f_{h容}$ 单位为 mm。

平坦地区进行水准测量时,用式(3-25)计算,山区测量(每千米测站数 > 15)时用式(3-26)计算。

3.3.4 水准测量观测成果的内业计算

1. 路线高差闭合差的计算

根据不同的水准路线,分别选用前述式(3-22)、式(3-23)或式(3-24)计算其路线高差闭合差。

2. 路线容许闭合差的计算

根据式(3-25)或式(3-26)计算容许闭合差$f_{h容}$,若$|f_h| \leqslant |f_{h容}|$,认为外业测量精度合格,可以进行下一步高差闭合差的调整计算;若$|f_h| > |f_{h容}|$时,应查明原因,及时返工重测。

3. 高差闭合差的调整

一般情况下,同一条水准路线的观测条件基本相同,因此,我们可以认为每个测站观测时产生的误差大致相等。由此可以得出高差闭合差的调整原则是:将高差闭合差反符号按路线长度或测站数成正比地分配给各测段,即

$$V_i = \frac{-f_h}{\sum L} \times L_i \quad \text{或} \quad V_i = \frac{-f_h}{\sum n} \times n_i \qquad (3-27)$$

式中,V_i表示第i测段的改正数;L_i表示第i测段路线长度(单位是 km);n_i表示第i测段测站数。

V_i算出后,要用公式$\sum V_i = -f_h$检查计算正确与否。

4. 计算各点高程

将各测段的实测高差分别加上相应的V_i可得各测段调整后的高差h',然后根据起始点高程,逐一计算各待测点的高程。计算中要注意用式$\sum h' = H_终 - H_始$进行校核。

例1 图 3-31 为一普通水准测量附合水准路线观测成果略图,BM_A 和 BM_B 为已知水准点,高程分别为 56.345 m 和 59.039 m,各测段的高差和测站数分别注在路线的上方和下方,试计算图中待定点的高程。

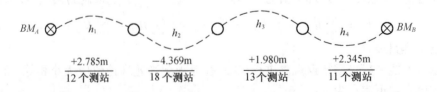

图 3-31 附和水准路线观测成果图

解 (1)计算f_h。在计算以前,需先把已知数据和观测数据填入规定表格中,如表 3-7,然后分别计算出$\sum n = 54$ $\sum h_测 = +2.741$ m,$H_{BM_B} - H_{BM_A} = +2.694$,则高差闭合差$f_h$为

$$f_h = +2.741 \ \text{m} - 2.694 \ \text{m} = +47 \ (\text{mm}) \tag{3-28}$$

（2）计算 $f_{h容}$。

$$f_{h容} = \pm 12\sqrt{n} = \pm 12 \times \sqrt{54} = \pm 88 \ (\text{mm}) \tag{3-29}$$

因为 $|f_h| < |f_{h容}|$，所以合格，可以平差。

将以上计算过程填入表 3-7 的辅助计算栏中。

（3）高差闭合差的调整。根据高差闭合差的平差原则，由式（3-27），可以先算出每测站的高差改正数

$$-\frac{f_h}{\sum n} = -\frac{47}{54} = -0.87 \ (\text{mm}/\text{站}) \tag{3-30}$$

再用每站高差改正数分别乘以各测段的测站数 n_i 得各测段的高差改正数 V_i，保留到 mm，填入表 3-7 中第 5 栏，并计算 $\sum V_i$，用公式 $\sum V_i = -f_h$ 校核计算正确与否。

表 3-7　高程误差配赋表

点号	距离 /km	测站数	实测高差 /m	改正数 /mm	改正后高差 /m	高程 /m	备注
1	2	3	4	5	6	7	8
BM						<u>56.345</u>	已知
		12	+2.785	-10	+2.775		
1						59.120	
		18	-4.369	-16	-4.385		
2						54.735	
		13	+1.980	-11	+1.969		
3						56.704	
		11	+2.345	-10	+2.335		
BM_B						<u>59.039</u>	已知
$\sum$		54	+2.741	-47	+2.694		
辅助计算			$f_h = +2.741(\text{m}) - 2.694(\text{m}) = +47(\text{mm})$				
			$f_{h容} = \pm 12\sqrt{n} = \pm 12 \times \sqrt{54} = \pm 88(\text{mm}), \ |f_h| \leqslant |f_{h容}|,$ 合格				

注：表中有下画线的数据为已知数据，后同。

（4）计算各待定点高程。先算出各测段改正后高差 h_i 并填入表第 6 栏中，同时计算 $\sum h'$，并用公式 $\sum h' = H_{BM_B} - H_{BM_A}$ 进行校核，确认无误后，可根据 BM_A 点高程和各测段改正后高差计算各待定点高程，并填入表第 7 栏中，最后再计算 BM_B 点高程以作校核。

闭合水准路线的测量成果计算方法与附合水准路线计算方法相同，支水准路线测量成果计算时，取往测高差和返测高差相反数的平均值作为改正后的高差。

3.3.5　水准网平差解算简介

基于 NASEW 智能图文网的水准网平差过程如下：

第一步：新建工程文件，将水准网数据按"站水准"或"段水准"格式录入并保存，如图 3–32 所示，其中已知水准点高程 H 前一列的标志符@处输入"1"。

第二步：根据控制网等级及精度要求，选择平差"计算方案"，在弹出的"设置计算方案"对

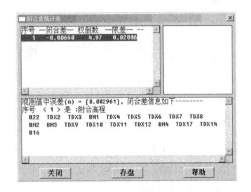

图 3–32　段水准输入对话框

话框中设置"处理网形""处理方法""观测等级"和"设计参数"等参数。

第三步：闭合差计算，软件根据输入的观测值，自动搜索出任意控制网的所有条件路线，并计算统计控制网的每一项闭合差、权倒数和限差等，如图 3–33 所示。

第四步：选择概算，概算内容如图 3–34 所示。"大气折光系数"用于三角高程计算，默认值 0.14。

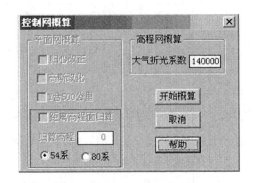

图 3–33　水准网闭合差　　　　　　　　　图 3–34　高程控制网概算

第五步：平差计算，"选择平差"是对控制网采用间接平差方式进行平差，如图 3–35 所示，平差方法有单次平差、丹麦法、带权探测法、HUBER 法、周江文法、多粗差后剔除、迭代平差和验后定权法等。如果选择了"验后定权法"，系统将自动修改各类权的比值和中误差。

第六步：平差报告的生成和输出。

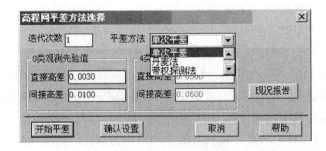

图 3–35　平差方法选择

3.4　碎部法测量

3.4.1　碎部法测量概述

测图前的准备工作主要包括控制测量、仪器器材与资料准备、测区划分、人员配备等。

1. 控制测量

数字测图既可采用传统的先控制测量后碎部测图、从整体到局部的作业方法,也可采用图根控制测量与碎部测量同步进行的"一步测量法"。但对于大面积的高等级控制测量,一般仍遵循从整体到局部、分级布设、逐级加密的测量原则。

控制测量包括平面控制测量和高程控制测量,其作业方法、精度要求与白纸测图法中的控制测量基本相同。由于数字测图主要采用全站仪采集数据,测站点到地物、地形点的距离即使1 km,也能保证测量精度,故对图根点密度要求已不很严格,大大低于白纸测图的要求。一般以在500 m以内能测到碎部点为原则。通视条件好的地方,图根点可稀疏些;地物密集、通视困难的地方,图根点可密些。

在实际作业中,采用全站仪采集数据,通常用"辐射法"直接测定图根控制点。辐射法就是在某一通视良好的等级控制点上安置全站仪,用极坐标测量方法,按全圆方向观测方式直接测定周围几个图根点坐标,点位精度可在1 cm以内。该法最后测定的一个点必须与第一个点重合,以检查仪器是否变动。重合误差应小于图根点精度。

另外,对于小面积或局部区域,有些数据采集软件有"一步测量法"功能,不需要单独进行图根控制测量。这样在一定程度上可提高外业的工作效率。如图3-36所示,A,B,C,D为已知点,1,2,3,…为图根导线,1′,2′,3′,…为碎部点,一步测量法作业步骤如下。

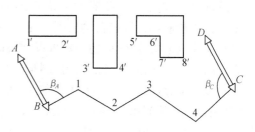

图3-36　一步测量法

(1)全站仪置于B点,先后视A点,再照准1点测水平角、垂直角和距离,可求得1点坐标。

(2)不搬运仪器,再施测B站周围的碎部点1′,2′,3′…。根据B点坐标可得到碎部点的坐标。

(3)B站测量完毕,仪器搬到1点,后视B点,前视2点,测角、测距,得2点坐标(近似坐标),再施测1点周围碎部点,根据1点坐标可得周围碎部点坐标(近似坐标)。

同理,可依次测得各导线点坐标和该站周围的碎部点坐标,但要注意及时勾绘草图、标注点号。

(4)待测至C点,则可由B点起至C点的导线数据计算附合导线闭合差,并对导线进行平差处理,然后利用平差后的导线坐标,再重新改算各碎部点的坐标。

2. 仪器器材与资料准备

实施数字测图前,应根据作业单位的具体情况和相应的作业方法准备好仪器、器材、控制成果和技术资料。仪器、器材主要包括全站仪、对讲机、充电器、电子手簿或便携机、备用电池、通信电缆、反光棱镜、皮尺或钢尺、草图本、工作底图等。出测前应为全站仪、对讲机充足电。

目前数字测图系统在野外进行数据采集时,若采用测记法时要求绘制较详细的草图。绘制草图采取现场绘制,也可以在工作底图上进行,底图可以用旧地形图、晒蓝图或航片放大影像图。在数据采集之前,最好提前将测区的全部已知成果输入电子手簿、全站仪或便携机,以方便调用。若采用简码作业或者电子平板测图,可省去绘制草图。

3. 测区划分

为了便于多个作业组作业,在野外采集数据之前,通常要对测区进行"作业区"划分。数字测图不需按图幅测绘,而是以道路、河流、沟渠、山脊线等明显线状地物为界,将测区划分为若干个作业区,分块测绘。对于地籍测量来说,一般以街坊为单位划分作业区。分区的原则是各区之间的数据(地物)尽可能地独立(不相关)。对于跨区的地物,如电力线等,应测定其方向线,供内业编绘。

4. 人员配备

一个作业小组一般需配备:草图法时测站观测员(兼记录员)1 人,镜站跑尺员 1~2 人,领尺员(绘草图)1~2 人;简码作业时观测员 1 人,镜站跑尺员 1~2 人;电子平板作业时观测员 1 人,绘图员 1 人(也可以由观测员承担),镜站跑尺员 1~2 人。领尺员负责画草图或记录碎部点属性。内业绘图一般由领尺员承担,故领尺员是作业组的核心成员,需技术全面的人担任。

3.4.2　碎部点测算原理与方法

从理论上讲,数字测图要求先确定所有碎部点的坐标及记录碎部点的绘图信息(即数据采集),才能利用计算机自动成图。在野外数据采集中,若用全站仪测定所有独立地物的定位点及线状地物、面状地物的转折点(统称碎部点)的坐标,不仅工作量大,而且有些点无法直接测定。因此,必须灵活运用"测算法",测算结合来确定碎部点坐标。

碎部点坐标"测算法"的基本思想是:在野外数据采集时,使用全站仪适当采用仪器法(主要是极坐标法)测定一些"基本碎部点",再用勘丈法(只丈量距离)测定一部分碎部点的位置,最后充分利用直线、直角、平行、对称、全等等几何特征,在室内计算出所有碎部点的坐标。

下面介绍几种常用的碎部点测算方法。

1. 仪器法

(1)极坐标法

极坐标法是测量碎部点最常用的方法。如图 3 - 37 所示,Z 为测站点,O 为定向点,P_i 为待求点。在 Z 点安置好仪器,量取仪器高 I,照准 O 点,读取定向点 O 的方向值 L_0(常配置为零,以下设定向点的方向值为零);然后照准待求点 P_i,照准镜高为 V_i,方向值读数为 L_i;再测

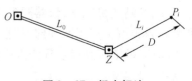

图 3 - 37　极坐标法

出 Z 至 P_i 点间的斜距 S_i 和竖直角 R_i(全站仪大部分以天顶距 T_i 表示,$T_i = 90° - R_i$),水平距离 $D_i = S_i \cdot \cos R_i$,则待定点坐标和高程可由式(3 - 31)求得,即

$$\left.\begin{array}{l} X_i = X_Z + D_i \cdot \cos\alpha_{Zi} \\ Y_i = Y_Z + D_i \cdot \sin\alpha_{Zi} \\ H_i = H_Z + S_i \cdot \cos T_i + I - V_i \\ \text{或}\quad H_i = H_Z + D_i \cdot \tan R_i + I - V_i \end{array}\right\} \qquad (3-31)$$

式中, $\alpha_{Zi} = \alpha_{Z0} + L_i$, 其中 α_{Zi} 为 Z, P_i 方向的坐标方位角, α_{Z0} 为 Z, O 方向的坐标方位角。

（2）直线延长偏心法

当待求点（目标点）与测站点不通视或无法立镜时, 可使用偏心观测（如直线延长偏心法、距离偏心法、角度偏心法等）间接测定碎部点的点位。其中, 直线延长偏心法是最常用的方法, 偏心法对高程无效。

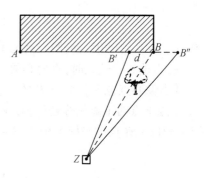

图 3-38　直线延长偏心法

如图 3-38 所示, Z 为测站点, 欲测定 B 点, 但 Z, B 间不通视。此时可在地物边线方向找 B'（或 B''）点作为辅助点, 先用极坐标法测定其坐标, 再用钢尺量取 BB'（或 BB''）的距离 d, 即可求出 B 点的坐标。

$$\left.\begin{array}{l} X_B = X_{B'} + d \cdot \cos\alpha_{AB'} \\ Y_B = Y_{B'} + d \cdot \sin\alpha_{AB'} \end{array}\right\} \qquad (3-32)$$

式中, $\alpha_{AB'}$ 为 A、B' 方向的方位角。

（3）距离偏心法

如图 3-39 所示, 欲测定 B 点, 但 B 点（电线杆中心）不能立标尺或反光镜, 可先用极坐标法测定偏心点 B_i（水平角读数为 L_i, 水平距离为 D_{ZB_i}）, 再丈量偏心点 B_i 到目标点 B 的水平距离 d, 即可求出目标点 B 的坐标。

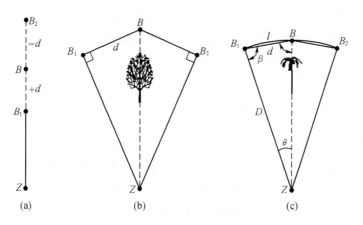

图 3-39　距离偏心法

①当偏心点位于目标前方或后方（B_1, B_2）时, 如图 3-39（a）, 即偏心点在测站和目标点的连线上, B 点的坐标可由式（3-33）求得, 即

$$\left.\begin{array}{l} X_B = X_Z + (D_{ZB_i} \pm d) \cdot \cos\alpha_{ZB_i} \\ Y_B = Y_Z + (D_{ZB_i} \pm d) \cdot \sin\alpha_{ZB_i} \end{array}\right\} \qquad (3-33)$$

式中,α_{ZB} 为 ZB 方向的坐标方位角(式中,当所测点位于 ZB 连线上时,d 取"+"号;当位于 ZB 延长线上时,d 取"−"号)。

②当偏心点位于目标点 B 的左或右边(B_1,B_2)时,偏心点至目标点的方向和偏心点至测站点 Z 的方向应成直角,如图 3 − 39(b),B 点的坐标可由式(3 − 34)求得,即

$$\left.\begin{array}{l} X_B = X_{B_i} + d \cdot \cos\alpha_{B_iB} \\ Y_B = Y_{B_i} + d \cdot \sin\alpha_{B_iB} \end{array}\right\} \qquad (3-34)$$

式中,$\alpha_{B_iB} = \alpha_{ZB_i} \pm 90°$(当偏心点位于左侧时,取"+"号;位于右侧时,取"−"号)。

注:当偏心距较大时,直角必须用直角棱镜设定。

③当偏心点位于目标点 B 的左或右边(B_1,B_2)时,选择偏心点至测站点的距离与目标点 B 至测站点的距离相等处(等腰偏心测量法),可先测得 B_i 的坐标和 B_iB 之间的距离,如图 3 − 39(c),B 点的坐标可按式(3 − 35)求得,即

$$\left.\begin{array}{l} X_B = X_{B_i} + d \cdot \cos\alpha_{B_iB} \\ Y_B = Y_{B_i} + d \cdot \sin\alpha_{B_iB} \end{array}\right\} \qquad (3-35)$$

式中,$\alpha_{B_iB} = \alpha_{B_iZ} \pm \beta$,当 B_i 位于 ZB 的左侧时,取"−"号,右侧时取"+"号。

一般情况下,偏心距 d 较小,此时 $\overset{\frown}{B_1B} \approx B_1B$(弧长 $l \approx d$)。β 可由式(3 − 36)求得,即

$$\left.\begin{array}{l} \theta = \dfrac{d \cdot 180°}{\pi D} \\[2mm] \beta = 90° - \dfrac{\theta}{2} \end{array}\right\} \qquad (3-36)$$

(4)角度偏心法

如图 3 − 40 所示,欲测定目标点 B,由于 B 点无法到达或 B 点不便立镜,将棱镜安置在离仪器到目标 B 相同水平距离的另一个合适的目标点 B_i(B_1 或 B_2)上进行测量,先测定至棱镜的距离($D_{ZB} = D_{ZB_i} = d$),后转动望远镜照准待测目标点 B,读取水平角 L_B,则测得 B 点坐标为

$$\left.\begin{array}{l} X_B = X_Z + d \cdot \cos\alpha_{ZB} \\ Y_B = Y_Z + d \cdot \sin\alpha_{ZB} \end{array}\right\} \qquad (3-37)$$

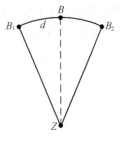

图 3 − 40　角度偏心法

式中,α_{ZB} 为 ZB 方向的方位角。

(5)方向直线交会法

如图 3 − 41 所示,A,B 为已测定的碎部点,欲测定 AB 直线上的 i 点,只需照准该点,读取方向值 L_i(不测距),用前方交会公式(戎格公式)可计算出 i 点坐标。计算公式为

$$\left.\begin{array}{l} X_i = \dfrac{X_A \cdot \cot\beta + X_Z \cdot \cot\alpha - Y_A + Y_Z}{\cot\alpha + \cot\beta} \\[3mm] Y_i = \dfrac{Y_A \cdot \cot\beta + Y_Z \cdot \cot\alpha + X_A - X_Z}{\cot\alpha + \cot\beta} \end{array}\right\} \qquad (3-38)$$

式中,$\alpha = \alpha_{AZ} - \alpha_{AB}$,$\beta = \alpha_{Zi} - \alpha_{ZA}$。当 $L_i = \alpha_{Zi}$ 时,$\beta = L_i - \alpha_{ZA}$。

使用该法测定位于一条直线上的碎部点时较为方便。

2. 勘丈法

勘丈法指利用勘丈的距离及直线、直角的特性测算出待定点的坐标。勘丈法对高程

无效。

(1) 直角坐标法

直角坐标法又称为正交法,它是借助测线和垂直短边支距测定目标点的方法。正交法使用钢尺丈量距离,配以直角棱镜作业。如图 3-42 所示,已知 A,B 两点,欲测碎部点 $i(1,2,3,\cdots)$,则以 AB 为轴线,自碎部点 i 向轴线作垂线(由直角棱镜定垂足)。假设以 A 为原点,只要量测得到原点 A 至垂足 d_i 的距离 a_i 和垂线的长度 b_i,就可求得碎部点 i 的位置,即

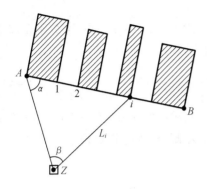

图 3-41　方向直线交会法

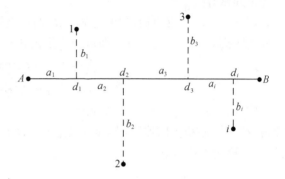

图 3-42　直角坐标法

$$X_i = X_A + D_i \cdot \cos\alpha_i \atop Y_i = Y_A + D_i \cdot \sin\alpha_i \Big\} \tag{3-39}$$

式中,$D_i = \sqrt{a_i^2 + b_i^2}$；$\alpha_i = \alpha_{AB} \pm \arctan\dfrac{b_i}{a_i}$。当碎部点位于轴线($AB$ 方向)左侧时,取"-"号；右侧时,取"+"号。

(2) 距离交会法

如图 3-43 所示,已知碎部点 A,B,欲测碎部点 i,则可分别量取 i 至 A,B 点距离 D_1,D_2,即可求得 i 点的坐标。先根据已知边 D_{AB} 和 D_1,D_2 求出角 α,β,即

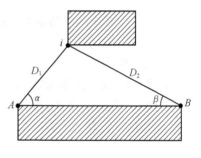

图 3-43　距离交会法

$$\alpha = \arccos\dfrac{D_{AB}^2 + D_1^2 - D_2^2}{2D_{AB} \cdot D_1} \atop \beta = \arccos\dfrac{D_{AB}^2 + D_2^2 - D_1^2}{2D_{AB} \cdot D_2} \Bigg\} \tag{3-40}$$

再根据戎格公式即可求得 X_i,Y_i。

$$X_i = \dfrac{X_A \cdot \cot\beta + X_B \cdot \cot\alpha - Y_A + Y_B}{\cot\alpha + \cot\beta} \atop Y_i = \dfrac{Y_A \cdot \cot\beta + Y_B \cdot \cot\alpha + X_A - X_B}{\cot\alpha + \cot\beta} \Bigg\} \tag{3-41}$$

(3) 直线内插法

如图 3-44 所示,已知 A、B 两点,欲测定 AB 直线上 $1,2,3,\cdots,i$ 各点,可分别量取相邻点间的距离 D_{A1},D_{12},D_{23} 等,从而求出各内插点的坐标。公式为

$$\left.\begin{aligned} X_i &= X_A + D_{Ai} \cdot \cos\alpha_{AB} \\ Y_i &= Y_A + D_{Ai} \cdot \sin\alpha_{AB} \end{aligned}\right\} \qquad (3-42)$$

式中，$D_{Ai} = D_{A1} + D_{12} + \cdots + D_{i-1,i}$。

（4）微导线法

当构筑物为直角的情况时，只要测定任意两个直角点，丈量构筑物的各边长，即可计算出所有直角点的坐标。

①定向微导线

如图 3 – 45 所示直角构筑物，已知 A,B 两点坐标，欲求 $1,2,3,\cdots,i$ 各点，可分别量取相邻点间的距离 $D_1,D_2,D_3,\cdots,D_i$，即可依次推出各点的坐标为

$$\left.\begin{aligned} X_i &= X_{i-1} + D_i \cdot \cos\alpha_i \\ Y_i &= Y_{i-1} + D_i \cdot \sin\alpha_i \end{aligned}\right\} \qquad (3-43)$$

式中，$\alpha_i = \alpha_{i-2,i-1} \pm 90°$。（当脚标等于 –1 时，为 A；当脚标等于 0 时，为 B）。当 i 为左折点时取"–"，右折点时取"+"，如 1 点位于 AB 方向的左侧，称为左折点；3 点位于 1,2 方向的右侧，称为右折点。

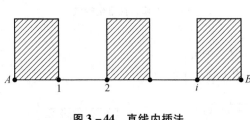

图 3 – 44　　直线内插法

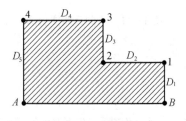

图 3 – 45　　定向微导法

②无定向微导线

如图 3 – 46 所示直角构筑物，已知 A,B 两点坐标，欲求 $1,2,3,\cdots,i$ 各点，可分别量取相邻点间的距离 $a,b,D_1,D_2,D_3,\cdots,D_i$，即可依次推出各点的坐标。

先依据丈量的 a,b（注：a,b 可以是同方向的几条边长的代数和）长度，求两已知点 AB 的距离为 S，再按余弦公式（3 – 44）求得 α,β 角，然后按照前方交会式（3 – 41）计算得到 P 点的坐标。此后

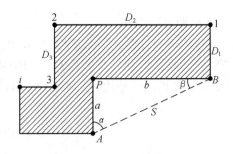

图 3 – 46　　无定向微导线

以 PB 为直角构筑物定向方向，按照上述定向微导线法进行计算即可。

$$\left.\begin{aligned} \alpha &= \arccos\left(\frac{a^2 + S^2 - b^2}{2aS}\right) \\ \beta &= \arccos\left(\frac{b^2 + S^2 - a^2}{2bS}\right) \end{aligned}\right\} \qquad (3-44)$$

3. 计算法

计算法不需要外业观测数据，可利用图形的几何特性计算碎部点的坐标。

（1）矩形计算法

如图 3 – 47 所示，已知 A,B,C 三个房角点，求第四个房角点，可按下式计算得到，即

$$X_4 = X_A + (X_C - X_B) \left.\right\}$$
$$Y_4 = Y_A + (Y_C - Y_B)$$

(3-45)

（2）垂足计算法

如图 3-48 所示，已知碎部点 $A,B,1,2,3,4$，且 $11' \perp AB$、$22' \perp AB$、$33' \perp AB$、$44' \perp AB$，求 $1',2',3',4'$ 各点，则可由下式（3-46）计算得到其坐标。

$$X_{i'} = X_A + D_{Ai}\cos\gamma_i\cos\alpha_{AB} \left.\right\}$$
$$Y_{i'} = Y_A + D_{Ai}\cos\gamma_i\sin\alpha_{AB}$$

(3-46)

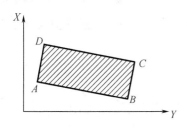

图 3-47　矩形计算法

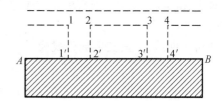

图 3-48　垂足计算法

式中，$\gamma_i = \alpha_{AB} - \alpha_{Ai}$，$i = 1,2,3,4$；平距 D_{Ai} 和坐标方位角 α_{AB} 由坐标反算得到。

使用此法确定规则建筑群内楼道口点、道路折点十分有利。

（3）直角点计算法

如图 3-49 所示，在测站上可以测定房角点 A,B,D，但直角点 C 却无法测定，而且 BC 和 CD 的长度也不易直接量取，此时可以用式（3-47）计算直角点的坐标。

$$X_C = X_B - D_{BD}\sin\gamma\sin\alpha_{BA} \left.\right\}$$
$$Y_C = Y_B + D_{BD}\sin\gamma\cos\alpha_{BA}$$

(3-47)

式中，$\gamma = \alpha_{BD} - \alpha_{BA}$。

（4）直线相交法

如图 3-50 所示，A,B,C,D 为 4 个已知碎部点，且 AB 与 CD 相交于 i，则交点 i 的坐标为

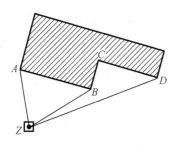

图 3-49　直角点计算法

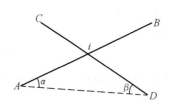

图 3-50　直线相交法

$$X_i = \frac{X_A\cot\beta + X_D\cot\alpha - Y_A + Y_D}{\cot\alpha + \cot\beta} \left.\right\}$$
$$Y_i = \frac{Y_A\cot\beta + Y_D\cot\alpha + X_A - X_D}{\cot\alpha + \cot\beta}$$

(3-48)

式中，$\alpha = \alpha_{AD} - \alpha_{AB}$，$\beta = \alpha_{DC} - \alpha_{DA}$，相减小于 0 时加 360°。

（5）平行曲线定点法

图 3 – 51 是两条平行曲线，已知平行曲线一边点 1，2，3，4，5 和与 1 点间距为 R 的另一曲线上的点 1′，求另一边线对应点 2′，3′，4′，5′ 的坐标。

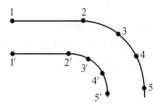

图 3 – 51　平行曲线定点法

①对于直线部分，其坐标公式为

$$\left.\begin{array}{l} x_{2'} = x_2 + R \cdot \cos\alpha_2 \\ y_{2'} = y_2 + R \cdot \sin\alpha_2 \end{array}\right\} \qquad (3-49)$$

式中，$\alpha_2 = \alpha_{12} \pm 90°$，当所求点位于已知边的左侧时取"–"号；当所求点位于已知边的右侧时取"+"号。

②对于曲线部分，其坐标公式为

$$\left.\begin{array}{l} x_{i'} = x_i + R \cdot \cos(\alpha_i + c) \\ y_{i'} = y_i + R \cdot \sin(\alpha_i + c) \end{array}\right\} \quad (i = 3,4,5,\cdots,n) \qquad (3-50)$$

式中，$\alpha_i = \dfrac{1}{2}(\alpha_{i,i+1} + \alpha_{i,i-1})$，当所求曲线点位于已知边的左侧，且 $\alpha_{i,i+1} > \alpha_{i,i-1}$ 时，或当所求点位于右侧，且 $\alpha_{i,i+1} < \alpha_{i,i-1}$ 时，$c = 0$；当所求曲线点位于已知边的右侧，且 $\alpha_{i,i+1} > \alpha_{i,i-1}$ 时，或当所求点位于左侧，且 $\alpha_{i,i+1} < \alpha_{i,i-1}$ 时，$c = 180°$。

此法用于计算曲线道路另一侧点的坐标是十分便利的。

（6）对称点法

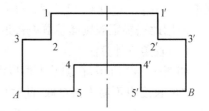

图 3 – 52　对称点法

图 3 – 52 是一轴对称地物，测出 1，2，$\cdots$，5 和 A 点后，再测出 A 点的对称点 B，即可按式（3 – 51）分别求出各对称点 1′，2′，$\cdots$，5′ 的坐标。

$$\left.\begin{array}{l} X_{i'} = X_B + D_i \cdot \cos\alpha_i \\ Y_{i'} = Y_B + D_i \cdot \sin\alpha_i \end{array}\right\} \qquad (3-51)$$

式中，$D_i = \sqrt{\Delta X_{Ai}^2 + \Delta Y_{Ai}^2}$，$\alpha_i = 2\alpha_{AB} - \alpha_{Ai} - 180°$。

许多人工地物的平面图形是轴对称图形，运用该法可大量减少实测点。

在本节公式中，坐标方位角 α_{ij} 需用坐标反算时，可由式（3 – 52）求得（α_{ij} 的计算不需判断语，编程简单）。

$$\alpha_{ij} = 180° - 90°\text{SGN}(y_j - y_i) - \text{ATN}\left[(x_j - x_i)/(y_j - y_i)\right] \qquad (3-52)$$

式中，SGN 为取正负号函数；ATN 为反正切函数。

3.5　全站仪碎部测图

3.5.1　碎部数据野外采集的方法与步骤

1. 数据采集的方法

数字化成图数据采集的方法主要有全站仪野外碎部数据采集、数字化仪室内数据采集、扫描仪扫描图像矢量化数据采集,人工计算机键盘数据采集等。本节主要介绍利用全站仪进行野外数据采集的方法。

利用全站仪进行野外数据采集主要测绘并采集地物、地貌特征点的三维坐标。方法是:一人使用全站仪观测,并保存观测数据;一人绘制草图,并注明单位、地类、各种连线及方向等;一人或两人跑尺,寻找地形点。

2. 数据采集步骤

由于使用的仪器型号不同,所以具体操作时,有一定的差异,但是方法步骤大同小异,主要有以下四个方面。

(1)安置仪器

安置仪器包括在已知测站(控制点或其他已知点)上安置全站仪,精确对中整平,打开仪器电源开关,丈量仪器高。

(2)设站

设站包括选择建站方式,输入测站点点号/点名,输入测站点坐标 X,Y,Z（如果仪器内已有该点的坐标数据,则自动找到并显示出来,不需要输入）;输入测站仪器高,有时输入测站点代码;输入后视点(定向点)的点名/点号,后视点的坐标或后视方位角;操作仪器瞄准后视点并确定即可。

(3)检核设站正确性

检核是碎部观测中非常重要的一个环节,如果设站有错误,将影响以后采集数据的正确性。检核包括实际观测后视点的三维坐标,并与已知数据校对,一般还要观测另外已知点的三维坐标,以便进一步检核,无误后(在规定限差范围内)即可进入下一步观测,否则要重新设站、检核。

如果出现错误或超限情况,可从以下几个方面来查找问题:检查已知点和定向点的坐标值是否输错、已知点成果表是否抄错、成果计算是否有误、仪器设备是否有故障等。

(4)碎部特征点数据采集

数据采集是一项复杂、量大且重复的工作,包括瞄准目标、观测、保存、更改目标高、记录碎部点点号、绘制草图等。

3. 说明

设站前应设置好保存数据的数据文件名,考虑仪器内存的大小,对于仪器中不必保存的数据文件应删除,以便建立新文件。碎部特征点的编号,一般输入开始点号,后面各测点的点号仪器自动顺序增加,注意实地测点号与草图上标注的点号要相一致(特别是多人跑尺时),以免在室内连图时出现差错。草图上应注明测站、后视点号、绘制北方向、观测员、绘图员姓名和观测日期等。

4. 数据文件设置

在进行碎部点观测前,应设置好保存数据的文件,便于保存或删除。

(1)创建新文件

在文件列表显示屏上,显示文件管理中的子菜单,选择建立新文件,显示"输入文件名"的屏幕,输入文件名,完成创建新文件。

(2)打开一个已存在的文件

在文件列表显示屏上,用光标移动键把光标移动到所需的文件名上,打开该文件,且把该文件选择为当前文件。

（3）删除文件

首先在文件列表显示屏上，把要删除的文件打开（即选为当前文件），按下删除键，删除所选文件，或按[ESC]键取消该过程并返回到前一屏幕。

（4）控制文件

控制文件一般存储控制点数据作为数据资源，可以同时被几个文件使用，如果测区已有已知点，利用这种方法可以节省时间。一旦指定了控制文件，如果在当前文件中找不到输入点，系统将在控制文件中寻找该点。若控制文件中找到该点，将拷贝到当前文件中。

下面以 NTS360R 全站仪为例，具体介绍全站仪数据采集方法。

3.5.2　NTS360R 全站仪数据采集

NTS360R 系列全站仪可将测量数据存储在内存中，内存划分为测量数据文件和坐标数据文件，数据采集流程如图 3－53 所示。

1. 数据采集菜单操作

按下[MENU]键，仪器进入主菜单 1/2 模式；按下数字键[1]（数据采集）。

2. 数据采集操作步骤

（1）选择数据采集文件，使其所采集数据存储在该文件中。

首先必须选定一个数据采集文件，在启动数据采集模式之后即可出现文件选择显示屏，由此可选定一个文件。

文件选择也可在该模式下的数据采集菜单中进行。

①按下[MENU]键，仪器进入主菜单 1/2，按数字键[1]（数据采集）。

②按[F2]（调用）键。

③屏幕显示磁盘列表，选择需作业的文件所在的磁盘，按[F4]（确认）或[ENT]键进入。

④显示文件列表。（注：如果您要创建一个新文件，在选择测量和坐标文件界面直接输入文件名即可）

⑤按[▲]或[▼]键使文件表上下滚动，选定一个文件。（注：按[F2]（查找）键可直接输入文件名查找文件）

⑥按[ENT]（回车）键，调用文件成功，屏幕返回数据采集菜单 1/2。

（2）选择存储坐标文件，将原始数据转换成的坐标数据存储在该文件中。

①由数据采集菜单 2/2，按数字键[1]（选择文件）

②按数字键[3]（存储坐标文件）。（注：当存储文件被选择后，测量文件不变）

③按照上面"选择数据采集文件"中介绍的方法选择一个坐标文件。

④按[F2]（调用）键，屏幕显示磁盘列表，选择需作业的文件所在的磁盘，按[F4]（确认）或[ENT]键进入。

⑤显示文件列表。

⑥按[▲]或[▼]键使文件表上下滚动，选定一个文件。若有五个以上的文件，按[▶]、[◀]键上下翻页。

⑦按[ENT]（回车）键，文件即被确认，屏幕返回选择文件菜单。

（3）选择调用坐标数据文件，可进行测站坐标数据及后视坐标数据的调用。（当无需调用已知点坐标数据时，可省略此步骤）

①由数据采集菜单 2/2，按数字键[1]（选择文件）。

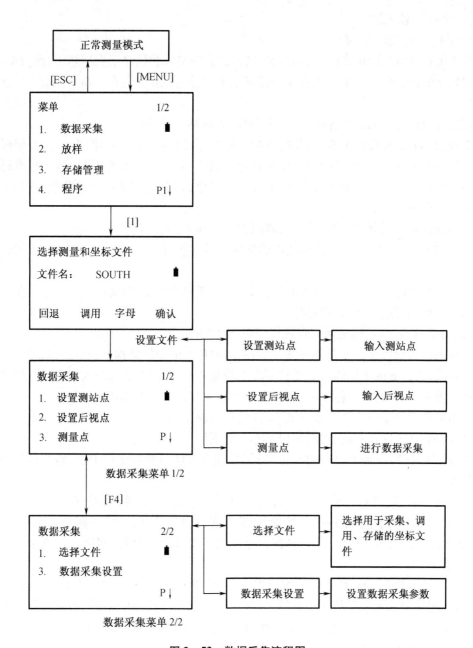

图 3 – 53　数据采集流程图

②按数字键[2](调用坐标文件)。

③按照上面"选择数据采集文件"中介绍的方法选择一个坐标文件。

(4)置测站点,包括仪器高和测站点号及坐标。

测站点坐标可按如下两种方法设定,即利用内存中的坐标数据来设定和直接由键盘输入。

利用内存中的坐标数据来设置测站点的操作步骤如下:

①由数据采集菜单1/2,按数字键[1](设置测站点),即显示原有数据。

②按[F4](测站)键。

③按[F1](输入)键。

④输入点号,按[F4]键。

⑤系统查找当前调用文件,找到点名,则将该点的坐标数据显示在屏幕上,按[F4](是)确认测站点坐标。(注:如果在内存中找不到指定的点名,系统会在屏幕下方显示"点名不存在")

⑥屏幕返回设置测站点界面。用[▼]键将光标移到编码栏。

⑦按[F1](输入),输入编码,并按[F4](确认)。(注:当输入数字编码时,若编码库中该数字序号对应有编码,则系统会调用所对应的编码;如果序号没有对应编码,则编码栏会显示输入的数字编码。在步骤⑥中按[F2](查找)键,可调用编码库中的数据;按[F1](回退),向左删除输入内容)

⑧将光标移到仪器高一栏,输入仪器高,并按[F4](确认)。

⑨按[F3](记录)键,显示该测站点的坐标。(注:按[F4](测站)键,显示屏返回到第④步)

⑩按[F4](是)键,完成测站点的设置,显示屏返回数据采集菜单1/2。(注:在数据采集中存入的数据有点号、编码和目标高)

(5)置后视点,通过测量后视点进行定向,确定方位角。

后视点定向角可按如下三种方法设定:利用内存中的坐标数据来设定;直接键入后视点坐标;直接键入设置的定向角。需要特别注意的是:方位角的设置需要通过测量来确定。

通过输入点号设置后视点将后视定向角数据寄存在仪器内的操作步骤如下。

①由数据采集菜单1/2,按数字键[2](设置后视点)。

②屏幕显示上次设置的数据,按[F4](后视)键。

③按[F1](输入)键。(注:每次按[F3]键,输入方法就会在坐标值、设置角度和坐标点之间切换)

④输入点名,按[F4](确认)键。(注:按[F2](调用)键,可调用编码库中的数据)

⑤系统查找当前作业下的坐标数据,找到点名,则将该点的坐标数据显示在屏幕上,按[F4]键,确认后视点坐标。(注:如果在内存中找不到指定的点名,系统会在屏幕下方显示"点名不存在")

⑥屏幕返回设置后视点界面。按同样方法,输入点编码、目标高。(注:当输入数字编码时,若编码库中该数字序号对应有编码,则系统会调用所对应的编码;如果序号没有对应编码,则编码栏会显示输入的数字编码;按[F2](置零)键,水平角置零)

⑦按[F3](测量)键。

⑧照准后视点,选择一种测量模式并按相应的软键。例:[F2](∗平距)键。(注:数据采集顺序可设置为[先测量后编辑]或者[先编辑后测量])

进行测量,根据定向角计算结果设置水平度盘读数,测量结果被寄存,显示屏返回到数据采集菜单1/2。

(6)置待测点的目标高,开始采集,存储数据。

①由数据采集菜单1/2,按数字键[3],进入待测点测量。

②按[F1](输入)键。

③输入点号后,按[F4]确认。

④按同样方法输入编码,目标高。(注:当输入数字编码时,若编码库中该数字序号对

应有编码,则系统会调用所对应的编码;如果序号没有对应编码,则编码栏会显示输入的数字编码)

⑤按[F3](测量)键。

⑥照准目标点,按[F1]~[F3]中的一个键。(注:符号"＊"表示先前的测量模式。)例:[F2](＊平距)键。

⑦系统启动测量。

⑧测量结束后,按[F4](是)键,数据被存储。

⑨系统自动将点名 +1,开始下一点的测量。输入目标点名,并照准该点。可按[F4](同前)键,按照上一个点的测量方式进行测量;也可按[F3](测量)选择测量方式。

⑩测量完毕,数据被存储。按[ESC]键即可结束数据采集模式。

3.6　GPS RTK 碎部测图

利用 RTK 法进行数据采集,在开始测量之前,首先要对仪器和控制软件进行正确的设置,然后才能测得符合要求的结果。下面以 Leica GPS 1200 RTK 为例说明具体的操作步骤。

3.6.1　准备工作

碎部测量之前的准备工作主要分为三部分,第一部分是参考站配置集的建立,第二部分是流动站配置集的建立,第三部分是坐标系的建立。

1. 参考站配置集的建立

(1)在主界面选择"3 管理",按[F1]继续。

(2)在弹出的管理界面中将光标调整到"5 配置管理",按[F1]继续。

(3)将光标调整到已经建好的参考站配置集"RTK Reference",如图 3 - 54 所示,按[F1]继续,或者按[F2]新建一个配置集。

(4)给定配置集名称,例如"Satel - REF",如图 3 -55 所示,按[F1]保存。

(5)在向导模式界面,点击[F1]设置相关参数。

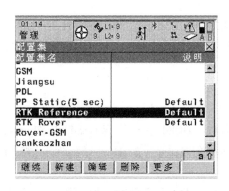

图 3 -54　选择已经建好的配置集

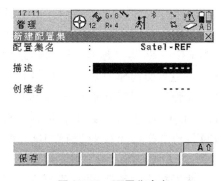

图 3 -55　配置集命名

(6)在实时模式界面将实时模式设为"参考站",实时数据设为"Leica",端口设为"端口1",设备设为"Satelline 3AS",如图 3 -56 所示。

（7）在天线和天线高界面，天线模式设为
"ATX1230GG 三脚架"。

（8）记录原始观测数据设为"从不"。

（9）其他参数可以用默认值，设置完成后，按
[F1]保存，按[F1]继续，回到主菜单，一个名字为
Satel－REF 的参考站配置集已经建立完毕。

2. 流动站配置集的建立

（1）在主界面选择"3 管理"，按[F1]继续。

（2）在弹出的管理界面中将光标调整到"5 配
置管理"，按[F1]继续。

图 3－56　参考站实时模式设置

（3）将光标调整到已经建好的流动站配置集
"SmartRover RTK"，按[F1]继续，或者按[F2]新建一个配置集。

（4）给定配置集名称，例如"Satel－RTK"，按[F1]保存。

（5）在向导模式界面，点击[F1]设置相关参数。

（6）在实时模式界面将实时模式设为"流动
站"，实时数据设为"Leica"，端口设为"Clip－on"，
设备设为"Satelline 3AS"，如图 3－57 所示。

（7）在电台通道界面根据所用电台频率设置
电台通道数。

（8）在天线和天线高界面设置天线模式为
"ATX1230 对中杆"。

（9）记原始观测数据设为"从不"。

（10）在质量控制设置界面将 CQ 控制设为
"仅平面"。

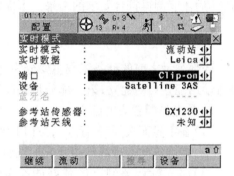

图 3－57　流动站实时模式设置

（11）其他参数可以用默认值，设置完成后，按[F1]保存，按[F1]继续，回到主菜单，一
个名字为 Satel－RTK 的流动站配置集已经建立完毕

3. 坐标系的建立

假设已经测量得到三个 WGS－84 点 PT01，PT02 和 PT03 的坐标值，保存在 100184 作业
中；同时已知三个地方点 PT01，PT02 和 PT03 的坐标值，保存在 1001DQ 作业中（为转换方
便，需要 WGS－84 点和地方点取同样的点号）。

（1）在主界面选择"2 程序"，按[F1]继续。

（2）在弹出的程序界面中将光标调整到"4 确定坐标系"，按[F1]继续。

（3）在定义坐标系界面，给定坐标系名称如"DQ84－80"，WGS84 点作业选择
"100184"，地方坐标点作业选择"1001DQ"，方法选择"常规"，如图 3－58 所示，按[F1]
继续。

（4）选择转换的类型，转换类型有三种："一步法""两步法"和"经典三维"。可根据测
区实际情况进行选择，此处选择"一步法"，按[F1]继续。

（5）在匹配点界面，按[F6]自动匹配 WGS84 点和地方坐标点，如图 3－59 所示，如果点
名不同则需要手动匹配。

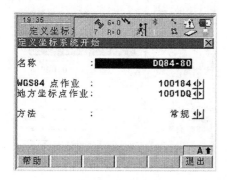

图 3-58　坐标系统定义

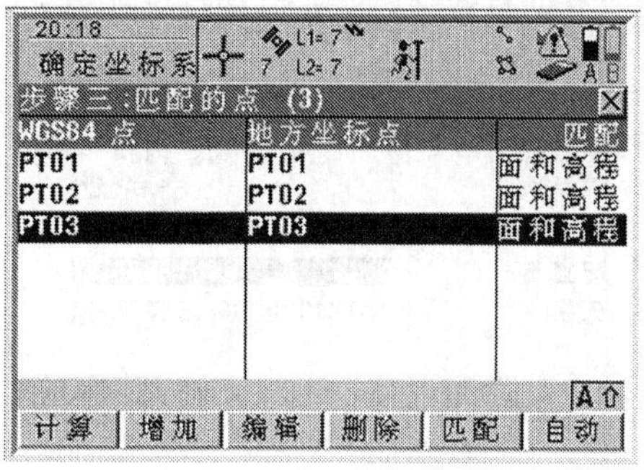

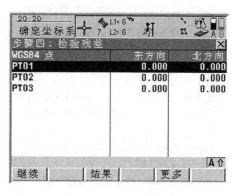

图 3-59　点名匹配

（6）自动匹配后，按［F1］计算匹配后的残差，如图3-60所示，残差不要超过0.05（否则需要检查原因或者换其他点进行匹配），如果精度合格，按［F1］保存。

名为 DQ84-80 的坐标系定义完成，接下来可以进行野外碎部测图。

3.6.2　碎部测图

以下是自由设（参考）站法作业流程。

1. 参考站安置

在地势比较高的地方，并且旁边没有树及

图 3-60　匹配残差

其他障碍物遮挡的地方安置参考站，并按照要求将天线、手簿、电台和其他设备及数据线正确连接后再连接电瓶。

2. 设置作业和配置集

（1）进主界面选择"1 测量"，点击［F1］查看当前作业是否是新建的作业和配置集（如图3-61，作业和配置集可以在室内建好，并且配置集定义好后无需再次修改，一直调用即可），确认无误后按［F1］继续。

（2）当屏幕上方出现可定位符号⊕后，点击［F4］取当前坐标，输入点名，按［F1］保存，然后输入天线高，按［F1］继续，如图3-62所示。

（3）设置完毕后查看电台是否发射（即电台发射符号📶是否不断闪烁），如果发射，则基站设置完毕。

3. 移动站设置和测量

（1）进主界面选择"1 测量"，点击［F1］查看当前作业是否是新建的作业和配置集（如图3-63，作业和配置集可以在室内建好，并且配置集建好后不要去修改，一直调用即可），确认无误后按［F1］继续。

（2）当屏幕上方出现可定位符号➕后（如图3-64），按［F1］观测，当 RTK 定位后面的数字为 15 左右的时候（如果是碎部测量为 5 左右），按［F1］停止，按［F1］保存当前点，继续观测 PT02,PT03。

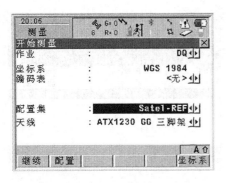

图 3 - 61　作业参数设置界面

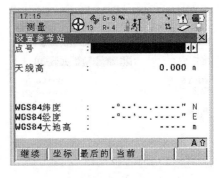

图 3 - 62　获取当前坐标

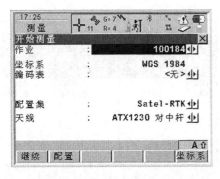

图 3 - 63　作业参数设置界面

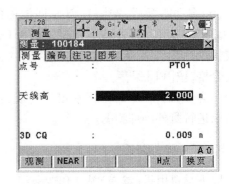

图 3 - 64　点位观测界面

（3）如 3.6.1 节中 3 的操作步骤定义坐标系,并命名为 DQ84 - 80。

（4）进主界面选择"3 管理",[F2]新建作业"DQ",并将坐标系选为"DQ84 - 80",如图 3 - 65 所示,按[F1]保存。

（5）主界面选择"1 测量"点击[F1],将当前作业选为 DQ,并查看坐标系是否为刚才新建立的坐标系"DQ84 - 80",配置集是否为流动站配置集"Satel - RTK",确认无误后按[F1]继续（如图 3 - 66）。

图 3 - 65　坐标系选择

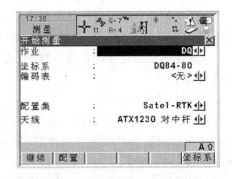

图 3 - 66　作业参数设置界面

（6）在测量界面中设置点号、天线高,出现可定位符号╂后（并且 3DCQ 小于 0.05）,按[F1]观测,当"RTK 定位"对应的数字为 5 左右的时候,按[F1]停止,按[F1]保存,如图 3 -

67 所示。

　　(7)按[F1]进行下一个点的测量,点号自动增加,测量操作同上一步骤。

　　注:依次点击[F8]和[F3]可查看测量点的坐标。

　　结束测量:当整个作业完成或欲收工时,分别在参考站和流动站退出采集软件,然后关闭电源,拆除连接电缆,仪器收箱,收工。

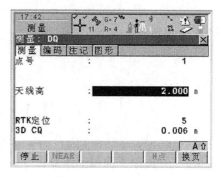

图 3 - 67　点位观测界面

第4章 图形绘制基础

4.1 常用绘图命令

4.1.1 简单平面图形绘制命令

1. LINE 命令绘制直线

直线是各种绘图中最常用、最简单的一类图形对象,只要给定其起点和终点即可绘出一条直线。在使用 LINE 命令绘制直线时,既可绘制单条直线,也可绘制一系列相连的直线(即折线),这时前一条直线的终点被作为下一条直线的起点。方法是,执行命令,顺序输入各点点位(或拾取点),则系统会绘制一条折线。注意,line 线(直线)是无宽度线,两点之间的一段线为一个对象,一条直线有两个端点和一个中点。

2. CIRCLE 命令绘制圆

圆和圆弧是另一类常用的二维对象,与直线相比,绘制圆和圆弧的方法要多一些。系统提供了 5 种画圆的方法,分别为:通过给定 3 点画圆;通过给定两个相切对象和半径画圆;通过给定圆心和半径画圆;通过给定圆心和直径画圆;通过给定两点画圆。其中,使用"两点""三点""圆心""半径"或"圆心""直径"方法绘制圆时可适当配合目标捕捉方法。同时还要注意,用相切方法画圆有可能存在画不出圆或是圆并未真正与所选对象相切,而是与其延伸部分相切的情况。

3. ARC 命令绘制圆弧

绘制圆弧比绘制圆要困难一些,除了提供圆心和半径之外,圆弧还要有起始角和终止角才能完成定义。此外,圆弧还有逆时针和顺时针之分。绘制圆弧的选项很多,可根据具体要求选择合适的选项。

4. RECTANG 命令绘制矩形

矩形、多边形也是绘制地图时经常要使用的对象。在系统中,RECTANG 命令用于绘制矩形。在绘制矩形时仅需提供其两个对角点的坐标。此外,还可通过在执行 RECTANG 命令之前执行 MULTIPLE 命令绘制多个矩形。绘制矩形时,可以进行倒角和圆角的设定,使绘制的矩形具有倒角或具有圆角;另外,还可以设置边线宽度。

5. POLYGON 命令绘制正多边形

多边形有正多边形和不规则多边形之分。在系统中,可利用 POLYGON 命令绘制正多边形。正多边形的画法主要有 3 种,这 3 种绘制方法均要求首先输入多边形的边数(即指定多边形为几边形),然后可选择按边(Edge)或中心(Center of Polygon)来绘制。

对于不规则的多边形或再复杂一些的图形对象,可使用多段线(Pline)方法来绘制。使用多段线绘制的不规则多边形,虽然表面上看起来也是由多段直线组成的,但它实际上是一个整体。使用 LINE 命令也可以创建任何矩形或多边形,但它们的各边均为独立的直线对象。

6. 绘制点对象

通过 3 种方法可以绘制点,即 POINT 命令、DIVIDE 命令和 MEASURE 命令。点的大小和显示样式可通过 DDPTYPE 命令来预先设置。

(1) POINT 命令绘制点

POINT 命令在图形中生成一个点对象,其位置可通过键盘输入一个坐标确定,也可在屏幕上拾取。

(2) DDPTYPE 命令设置点类型和尺寸

执行该命令将弹出"点样式"对话框。可利用该对话框设置点的类型和尺寸,其中点的尺寸可以按照相对于绘图屏幕的百分比以及绝对绘图单位两种方式来设置。

(3) DIVIDE 命令等间隔放置点

DIVIDE 命令是在选定的单个对象上等间隔地放置点,输入的是等分数,而不是放置点的个数。所以,如果将所选对象(如一条线段)分成 20 份,则实际上只生成 19 个点。使用该命令每次只能对一个对象操作,而不能对一组对象操作。

(4) MEASURE 命令等间距放置点

MEASURE 命令是按指定间距放置点,放置点的起始位置从离对象选取点较近的端点开始,如果对象总长不能被所选长度间距整除,则最后放置点到对象端点的距离将不等于所选长度。放置点的个数 = INT(对象长度/间距)。

DIVIDE 命令和 MEASURE 命令在绘制地图中多用于等间隔放置块,如绘制坡、坎及各种管线等,块一般是制图者自己创建的,等间隔放置块和放置点的方法基本一样。

4.1.2　复杂图形绘制命令

绘制地图时用到的复杂平面图形主要是多段线、填充图案等。

多段线由多段对象所组成,它可以是直线,也可以是曲线。系统中,利用 PLINE 命令生成多段线,利用 PEDIT 命令编辑多段线。

1. 多段线

(1) PLINE 命令生成多段线

多段线具有单独的直线、圆弧等对象所具备的很多优点,它可直可曲、可宽可窄,宽度既可固定也可变化(如箭头形状等),从而编辑起来更加容易。多段线是多个点之间连接在一起的折曲线,是一个对象。

执行 PLINE 命令时,它的第一个提示总为"起点:",即要求输入多段线的起始点,随后的提示可以是以下选项,点取第二点或输入选项。

①闭合(C):用于封闭多段线(用直线或圆弧)并结束 PLINE 命令。

②半宽度(H):用于设置多段线的半宽。

③长度(L):用于设定新多段线的长度,如果前一段是直线,延长方向与该线相同,如前一段是弧,延长方向为端点处弧的切线方向。

④放弃(U):用于取消刚画的一段多段线,可顺序回退(取消)。

⑤宽度(W):用于设定多段线线宽,其缺省值为 0,多段线初始宽度和结束宽度各不同,而且可分段设置,非常灵活。在命令行输入 W,则提示输入起点宽度,输入一个宽度值;接着提示输入终点宽度,这时起点宽度值就成为终点宽度的默认值,可以按回车或鼠标右键接受默认值,让下一线段首尾宽度相同,也可输入一新值,让下一线段首尾宽度不同,线段呈线

性变化。

⑥端点:指定当前线段端点,该项为 PLINE 的缺省选项。点取一点,则与上一段直线或圆弧的端点连一条直线;输入数值,则通过上一段直线或圆弧的端点,沿鼠标拖动的动态方向绘制一段长度等于输入数值的线段。

圆弧(A):用于从直多段线切换为圆弧多段线,并显示一些提示选项如下:

角度(A)/中心点(CE)/闭合(CL)/方向(D)/半宽度(H)/直线(L)/半径(R)/第二点(S)/放弃(U)/宽度(W)/<圆弧端点>

其各项含义如下:

①角度(A):提示给定夹角(顺时针为负)。

②中心点(CE):提示输入圆弧中心点。

③闭合(CL):用圆弧封闭多段线,并退出 PLINE 命令。

④方向(D):指定切线方向。

⑤半宽度(H)和宽度(W):设定多段线半宽和全宽。

⑥直线(L):切换回直线模式。

⑦半径(R):输入圆弧半径。

⑧放弃(U):取消上一次选项的操作。

⑨第二点(S):选择三点圆弧中的第二点,即用三点画圆弧。

⑩圆弧端点:提示圆弧的端点,为缺省选项。

(2)PEDIT 命令编辑多段线

PEDIT 命令用于修改多段线。使用该命令可改变线宽,增加、删除或移动顶点,可用曲线或样条拟合顶点,可删除顶点信息、调整顶点切线方向,也可打开或闭合多段线。

执行 PEDIT 命令,系统提示"选择多段线:",此时可选取多段线对象。选取多段线后,系统提示如下:

关闭(C)/连接(J)/宽度(W)/编辑顶点(E)/拟合(F)/样条曲线(S)/非曲线化(D)/线型生成(L)/放弃(U)/<退出>

绘制各种图形时常用的选项有连接(J)、宽度(W)、拟合(F),其意义如下。

①连接(J):可把其他圆弧、直线、多段线连接到已有多段线上。连接的两线段端点必须精确重合。例如,用 LINE 命令生成的一系列连续直线需要统一改变宽度、线型或颜色时,可以使用该选项先把一系列的连续直线连接成一条多段线,然后再进行其他操作。

②宽度(W):提示指定多段线宽度。新宽度值输入后,先前生成的各段宽度不同的多段线段都将用该宽度值替换。

③拟合(F):通过拟合各个多段线顶点来生成一条光滑拟合曲线。在绘制等高线、等厚线或水位线时可使用该选项。

(3)EXPLODE 命令分解多段线

在系统中,EXPLODE 命令用于把多段线分解成各个独立的直线和圆弧对象。该命令执行后,被分解的各段线将丢失宽度和切线信息。分解命令将一个多段线对象分解成多个对象。

2. DONUT 命令绘制圆环

填充圆环可看作由一组带宽度的弧段组成的多段线,其主要参数有圆心、内直径和外直径。如内直径为0,则为填充圆,如内直径等于外直径,则为普通圆,内外直径不同时,为圆环。

3. BHATCH 命令填充图案

在很多情况下，为了标志某一区域的意义或用途，通常需要将其以某种图案形式填充。图案填充的命令是 BHATCH，用于在某一封闭区域填充关联图案。此外，BHATCH 命令也可以用来在指定区域内填充图案，只是利用该命令填充的图案和边界没有关联性，即当边界被调整时，图案不会跟着自动调整。

(1)设置当前特性

填充图案和绘制其他对象一样，尽管可以选择不同的填充图案，但这些图案所使用的颜色和线型将使用当前图层的颜色和线型。当然，也可指定填充图案所使用的颜色和线型。

(2)定义填充图案的区域(边界)

可利用"边界图案填充"对话框中的"选择对象"按钮来选择要填充的边界。该边界可以是一个或若干对象，且这一个或若干对象必须形成一个或几个封闭区域。此外，还可利用对话框中的"拾取点"按钮，在要填充图案的区域内拾取一个点，然后，BHATCH 将应用 BOUDARY 命令来定义一个包围用户选择点的封闭边界。

(3)图案选择和使用

对话框中"类型"和"图案"用于选择图案和规定图案特性，类型有三种，即预定义、用户定义和自定义。

预定义：选用已定义在文件 ACAD. PAT 中的图案。

用户定义：使用当前线型定义的图案。

自定义：选用定义在其他 PAT 文件(不是 ACAD. PAT)中的图案，此时可通过"图案特性"区中的"自定义图案"指定图案名称。

①预定义图案设置参数。

对于预定义图案，其参数包括缩放比例和角度，其中缩放比例用于设定放大或缩小图案，角度用于旋转图案。要选定图案，可通过以下 3 种方法：

单击"图案类型"区中的"图案"按钮，打开"填充图案调色板"对话框，从中选择；

单击"图案类型"区中的图案"样例"区，选择图案；

单击"图案类型"区中的"图案"下拉列表，从中选择图案。

②用户定义图案设置参数。

要定义一个自定义型图案，需为其设定角度、间距和确定是否要选用双向图案。其中，"角度"是指直线相对于当前 UCS 中 X 轴的夹角，"间距"用于为用户定义图案设定线间距，"双向"选项用于为用户定义图案选用垂直于第一组平行线的第二组平行线，"缩放比例"用于控制图案的密度。

③图案预览和应用。

在选定图案填充区域后，想预览图案设置效果，可按"预览"按钮。调整结束后，可单击"确定"按钮执行图案填充。

(4)孤岛

所谓孤岛是指位于选定填充区域内，但不进行图案填充的区域，缺省情况下，系统可自动检测孤岛，并将其排除在图案填充区之外。若希望在孤岛中填充图案，可单击"边界图案填充"对话框中的"删除孤岛"按钮，然后选择要填充图案的孤岛。

其他选项：

①分解：指定填充图案使用单线段，而不是填充块。

②查看选择集：单击该按钮将显示当前定义的边界集。在用户尚未选择边界时，该选项不可用。

③继承特性：单击该按钮，系统将要求用户选择一个已存在的关联图案，然后将其图案类型和属性设置为当前图案和属性。但是，非关联图案和属性无法继承。

④关联与非关联：控制图案的关联性。

⑤高级：单击该按钮将显示"高级选项"对话框，该对话框用于设置创建填充边界的方法。

（5）编辑图案

填充完图案后，可以根据需要修改图案或修改图案区域的边界，对于关联图案，当调整图案边界时，填充图案会随之调整。对于非关联图案，当调整图案边界时，填充图案不会随之调整。

无论是关联图案还是非关联图案，均可利用 HATCHEDIT 命令来编辑它们，例如缩放比例、调整角度等。该命令打开一类似"边界图案填充"对话框的"图案填充编辑"对话框，它和"边界图案填充"对话框一样，只是某些选项被禁止使用。

（6）分解图案

实际上，图案是一种特殊的块，这种块被称为"匿名"块。所以，无论其形状多复杂，它都是一个单独对象。可以通过在对话框中选中"分解"复选框使其以分解形式产生，或使用命令将其分解。

在分解形式下，图案不再是单一对象，而是一组组成图案的线。自然分解后的图案不再关联，也无法使用 HATCHEDIT 命令来编辑。

此外，用户也可使用 EXPLODE 命令分解一个已存在的关联图案。

（7）控制图案的边界和类型

在"边界图案填充"对话框中拾取"高级"按钮时，将显示"高级选项"对话框。各选项意义如下。

①保留边界：使用 BHATCH 命令建立图案时，BHATCH 建立一些临时多段线来描述边界及孤岛。缺省情况下，系统在创建完图案时自动清除这些多段线，如果选择"保留边界"复选框时，则可保存这些多段线。

②对象类型：对象类型可以是多段线或面域，若选择了"保留边界"选项，则本选项无效。

③边界集：用于设置通过"拾取点"定义图案填充区域时，BHATCH 命令应如何检查对象，通过定义检查集，可以加快 BHATCH 命令的执行。这对于复杂图形，效果尤其明显。

④孤岛检测样式：该选项控制 BHATCH 如何处理孤岛。有 3 种选择，即普通、外部和忽略。

4.2　常用编辑命令

在绘图过程中，经常需要调整图形对象的位置、大小、形状等，这就需要对图形进行编辑、修改。

4.2.1　选择对象

一次操作单一对象时,只需单击拾取该对象即可,此时若对象过于密集,则可利用 ZOOM 命令放大视窗以便于对象选择。此外,还可通过使用 DDSELECT 命令来调整拾取框的尺寸以便更好的拾取。一次操作多个对象时,就需要应用一定的方法进行选择,以便快速操作。

1. 对象选择

有两种对象选择次序,即动词/名词方式和名词/动词方式。

(1)动词/名词选择次序

这种方法是先执行命令,再选择对象,这种编辑方式在任何时候都适用。

(2)名词/动词选择次序

这种方式是先选择对象,再执行相应的命令。要使用这种方法,必须保证"对象选择设置"对话框中的"先选择后执行"开关已打开,可通过 DDSELECT 命令来打开该对话框。这种编辑方式有些命令不适合。

2. 建立对象选择集

系统提供了多种方法来建立对象选择集。例如,可以逐个拾取对象或者用一个窗口将多个对象围起来。当选取对象时,系统将创建一个临时的选择集,并且通过暂时改变所选对象的颜色(使其闪烁,或用虚线表示)来醒目显示。可以在"选择对象:"提示下选择任何对象或输入对象选择选项。如果提示"选择对象:"时输入"?",则显示下列提示项:

窗口(W)/上一个(L)/窗交(C)/框(BOX)/全部(ALL)/栏选(F)/圈围(WP)/圈交(CP)/编组(G)/添加(A)/删除(R)/多个(M)/前一个(P)/放弃(U)/自动(AU)/单个(SI)

当选择完所有想要选取的对象之后,按 Enter 键结束对象选取,将继续执行后面的编辑命令。

3. 对象选择方法介绍

①Object pick(拾取对象):逐个拾取所需对象,此方法为系统缺省。当进行拾取时,系统将寻找落在拾取框内或者与拾取框相交的最近建立的一个对象。

②Window(窗口):在指定的范围内选取对象。选取那些被完全包括在矩形窗口中的对象。

③Last(上一次):用于选取图形窗口内可见的最后创建的对象。

④Crossing(交叉窗口):选取那些部分或完全位于窗口内、与窗口相交或者与窗口接触的对象。

⑤BOX(盒):把 Window 和 Corssing 组合成的选项。从左到右拾取矩形窗口的两个角点,则执行 Window 选项;从右到左拾取角点,则执行 Crossing 选项。

⑥ALL(全部):选取被锁定或冻结图层外的图中的所有对象。

⑦WPolygon(多边形):与 Window 选取类似,用封闭多边形作为窗口来选取对象,所有被完全包围在多边形中的对象被选中。

⑧CPolygon(交叉多边形):与 Crossing 选取法类似,用封闭多边形作为交叉式窗口来选取对象,选中所有在多边形内或者与多边形相交的对象。

4.2.2 通过关键点编辑对象

在绘制图形时,对已经绘制的图形进行移动、复制、修改等操作是必不可少的。执行这些操作既可通过 MOVE,ROTATE 等命令,也可简单地利用对象上的关键点来进行。

关键点就是对象上的一个较适当的位置,可通过它来控制操作对象。当选中某个对象后,该对象上的关键点将显示出来。再次击取某一关键点,则该关键点将由蓝色小方框变为红色小方框,此时就可以对图形对象进行拉伸、复制、移动等操作。

如果进行其他操作,可以在激活关键点后,单击鼠标右键打开一快捷菜单,从中选择适当的选项,操作方便。

4.2.3 对象特性查看及修改

每一个对象,都有一定的特性,如直线有长度、端点,圆有圆心、半径等,这些定义的对象尺寸和位置的属性称为几何属性。除了几何属性之外,每个对象还有如颜色、线型、所在层、线型比例、线宽等其他一些特性,这些特性称为对象的对象属性。在绘图时可能要经常修改或查看对象的几何属性和对象属性(统称对象特性)。

1. LIST 命令显示对象特性

LIST 命令可以同时列表出一个或多个对象的对象属性和几何属性。如图层、空间、颜色、线型、句柄、起始点坐标、面积、长度等方面的信息。

2. 对象特性显示与修改

命令:PROPERTIES

执行该命令后,弹出如图 4 - 1 所示的"特性 - 图名"对话框。

充分利用 Windows 的对象特性,把图案当作对象处理,在特性窗口中,有按字母和分类两个选项卡,特性可以按照类别排列,也可以按照字母顺序排列。工作过程中可以打开特性窗口,当没有对象选中时,对象属性管理器中将显示整个图纸的属性。在特性窗口中可以使用"快速选择"功能,方便建立供编辑用的选择集。当选择一个对象时,对象窗口显示此对象的全部特性。当选择多个对象时,则显示八种普遍的特性:颜色、图层、线型、线型比例、打印样式、线宽、超级链接、厚度,其他对象特性随着对象类型的不同而不同。

特性编辑时,编辑不同的对象会弹出相同的对话框,只是显示内容不同。选定不同对象时,对话框只显示共有特性。

(1)特性值修改方法

选择要修改特性的对象,在特性窗口中用下列方法之一修改特性:

①输入一新值;

②从列表中选择一个值;

③选择对话框中的特性值;

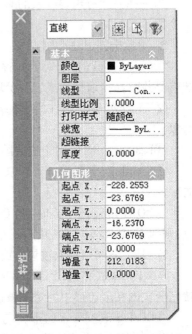

图 4 - 1 对象特性管理器对话框

④用拾取点按钮改变坐标值；

⑤在特性窗口中使用键盘快捷方式。

在特性窗口中有几种常用的键盘控制方法。用 Tab 键循环选择，用箭头键和 Page Up、Page Down 键在窗口中移动；用 Ctrl + Z 取消；用 Ctrl + X、Ctrl + C 和 Ctrl + V 分别进行剪切、复制和粘贴。

在图形窗口中，选择一个或多个要显示特性的对象。在特性窗口中，可以列出选定对象的共有特性；选择一个对象，可以列出该对象的个别特性。

（2）编辑单个对象的特性

在图 4 – 1 所示对话框打开状态下，选择要修改特性的单个对象，在特性窗口中选择要修改的特性，双击对象的特性栏，将依次显示该特性所有可能的取值，如果有必要，特性栏将调用附加对话框或提供下拉式选项表以方便属性修改过程，在特性栏中输入新值或从设置列表中选择一个值修改特性。例如，在特性窗口中可以方便地编辑多段线的全部宽度、线段的起始和终止宽度等。

（3）编辑多个对象的共同特性

在图 4 – 1 所示对话框打开状态下，选择要修改特性的多个对象，特性窗口列出全部对象的共同特性，在特性窗口中选择要修改的特性，并输入新值或从设置中选择一个值修改特性。

（4）关闭特性窗口

不需要使用特性窗口时，可以灵活处理，使用以下方式可以关闭或隐藏特性窗口。

①在特性窗口中单击鼠标右键，并从快捷菜单中选择允许固定或隐藏；

②把特性窗口拖拽到另一位置；

③在命令行输入 PROPERTIESCLOSE 关闭特性窗口；

④在列表的下方关闭特性描述。

3. 测量距离、面积和点坐标

DIST、AREA 和 ID 命令分别用于测量距离、计算面积和显示点坐标。

（1）DIST 命令测量距离

DIST 命令为一透明命令，用于测量拾取两点间的距离、两点虚构线在 XY 平面内的夹角以及与 XY 平面的夹角。显示 X,Y,Z 方向的增量即第一个点到第二个点的坐标增量，该命令最好配合目标捕捉方法使用，以便精确测量。

（2）AREA 命令计算面积

面积查询可以显示多种类型对象或一系列连续点的面积和周长。如果需要计算多个对象的组合面积，则在选择集中加或减即可获得总面积。

可以测量由指定点定义的任意形状的面积，所有点应在与当前的 XY 坐标平面相平行的平面内。

提示"指定第一个交点或[对象(O)/加(A)/减(S)]："时，可以依次选择被测量区域周边的点。系统自动连接从第一点到最后一点的各个点形成一个闭合区域，然后计算并显示面积和周长值。

如果为不闭合多边形，则系统自动定义一条从最后一点到第一点的线来闭合它。计算周长时加上这条闭合线的长度，且显示由指定点定义的区域的总面积和周长。

①计算闭合对象的面积

面积计算可以计算椭圆、多段线、多边形、样条曲线和实体的闭合面积和周长。

命令行提示"指定第一个交点或［对象（O）/加（A）/减（S）］:"时，输入 O（对象）后选择对象，则显示面积和周长。所选择的对象不同，显示的信息也不同，详细说明如下：

a. 圆、椭圆和平面闭合样条曲线，显示面积和周长；

b. 对于宽多段线，其面积计算时由线的宽度中心决定。

②非闭合对象显示面积和周长

对于非封闭的多线段或样条曲线，执行该命令后，系统先假设一条直线将其首尾相连，然后再求所围成的封闭区域的面积，但周长并不包括那条假想的首尾连线的长度，即周长是多线段或样条曲线的实际长度。

（3）ID 命令显示点坐标

显示所选点的坐标，在绘制、修改地图时经常使用该命令获得点的坐标。

4.2.4　移动、旋转、修剪、拉长、复制和对齐

1. MOVE 命令移动对象

MOVE 命令移动对象到一个新的位置，执行命令后，系统将首先提示选择对象，然后要求给出基点或一个偏移量。如果给出了基点坐标，则系统会接着提示"指定第二点:"。输入第二个点即可移动到指定位置，如果提示"第二点"时按 Enter 键，则所给出的基点坐标值就被作为偏移量。即将该点作为原点（0,0），然后将图形相对于该点移动由基点设定的偏移量。

2. 利用 ROTATE 命令旋转对象

ROTATE 命令精确地旋转一个或一组对象。像 MOVE 命令一样，该命令也要求首先输入一个基点，然后输入要旋转的角度。其中，正角度值使对象按逆时针旋转，负角度值按顺时针方向旋转，见图 4－2。

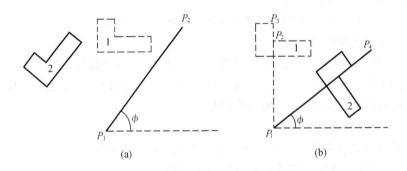

图 4－2　旋转

（a）相对角度旋转；（b）绝对角度旋转

（1）相对角度旋转

选择对象，执行命令。

提示"指定基点:"时，拾取 P_1 点。

提示"指定旋转角度，或［复制（C）/参照（R）］:"时，拾取点 P_2 点或输入 ϕ 值。

旋转的角度等于 P_1，P_2 连线相对于绝对零角度线的角度或者输入的 ϕ 值。

（2）绝对角度旋转

选择对象，执行命令。

提示"指定基点："时，拾取 P_1 点。

提示"指定旋转角度，或[复制(C)/参照(R)]："时，输入 R 后按 Enter。

提示"指定参照角＜缺省＞："时，捕捉 P_2 点。

提示"指定第二点："时，捕捉 P_3 点。

提示"指定新角度："时，拾取 P_4 点或输入 ϕ 后按 Enter。

3. COPY 命令复制对象

COPY 命令与 MOVE 命令很相似，只是保留了原对象而已。利用该命令可一次复制一个，也可一次复制多个。在地图制作过程中该命令使用非常频繁，尤其是对一些地类符号或文字注记等重复性的对象使用较多。

（1）单一复制，选择对象，拾取基点，拾取第二点，回车；

（2）多重复制，选择对象，回车，拾取基点，指定第二个点或[退出(E)/放弃(U)]＜退出＞：直到得到满意的个数为止。

4. TRIM 命令修剪对象

修剪对象时必须首先指定边界。操作步骤是：执行命令选择剪切边界（剪刀），默认情况下是选择所有对象，或者拾取被剪切边界。该命令可以裁去直线、圆弧、圆、多段线、射线以及样条曲线中穿过所选剪切边（剪刀）的部分，可以把多段线、圆弧、圆、椭圆、直线、浮动视口、射线、区域、样条曲线、文本作为剪切边。在待剪裁的对象上拾取的点决定了哪个部分将被修剪掉。剪切边和被剪切边一定要相交，这种相交可以是直接相交也可以是延伸相交。当需要剪切的对象较多时，可使用栏选，具体操作是：当选择剪切命令后，命令行提示选择对象（剪切边），选择剪切边后回车，命令行提示"[栏选(F)/窗交(C)/投影(P)/边(E)/删除(R)/放弃(U)]："，输入 F，指定第一个栏选点，指定下一个栏选点后回车，需要剪切的所有对象即被剪切完毕。

5. EXTEND 命令延伸对象

EXTEND 命令可延伸所选取的直线、圆弧、椭圆弧、开多段线和射线。有效的延伸边界对象包括多段线、圆、椭圆、直线、射线、区域、样条曲线、文本和构造线。所选取的对象既可以被看作边界边，又可以被看作待延伸的对象。待延伸的对象上的拾取点确认了应延伸的端点。

下面举一个例子加以说明。如图 4-3 所示，野外测量获得一围墙的 5 个坐标点，由于有障碍物遮挡，有一个拐角点的坐标没有得到，而是测得与它相临的墙上的任意两点，如何将围墙绘出。操作步骤如下。

①首先根据草图将已知的坐标点连接起来，如图 4-3 中图（a）所示。

②作一条辅助线，利用 EXTEND 命令延伸对象，如图 4-3 中图（b）所示。

命令：_extend

选择对象或＜全部选择＞：选择对象（默认情况下为所有对象均被选择），或者创建选择集，如图（b）中的辅助线。

选择要延伸的对象，或按住 Shift 键选择要修剪的对象，或[栏选(F)/窗交(C)/投影(P)/边(E)/放弃(U)]：拾取 12 边（靠近 2 点拾取）。

选择要延伸的对象，或按住 Shift 键选择要修剪的对象，或[栏选(F)/窗交(C)/投影

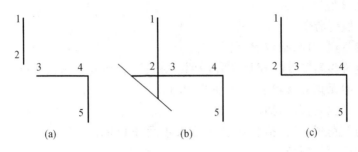

图 4 - 3　延伸对象

(P)/边(E)/放弃(U)]:拾取 43 边(靠近 3 点拾取)。

　　选择要延伸的对象,或按住 Shift 键选择要修剪的对象,或[栏选(F)/窗交(C)/投影(P)/边(E)/放弃(U)]:回车结束。

　　③删除辅助线,然后利用 TRIM 命令修剪对象,如图 4 - 3 中图(c)所示。

　　命令:trim

　　选择对象或 < 全部选择 >:拾取 12 边。

　　选择对象:拾取 43 边,回车,剪切边选择完成。

　　选择要修剪的对象,或按住 Shift 键选择要延伸的对象,或[栏选(F)/窗交(C)/投影(P)/边(E)/删除(R)/放弃(U)]:拾取 12 边的多余部分。

　　选择要修剪的对象,或按住 Shift 键选择要延伸的对象,或[栏选(F)/窗交(C)/投影(P)/边(E)/删除(R)/放弃(U)]:拾取 43 边的多余部分。

　　选择要修剪的对象,或按住 Shift 键选择要延伸的对象,或[栏选(F)/窗交(C)/投影(P)/边(E)/删除(R)/放弃(U)]:回车结束。

　　当需延伸的对象为多个时,也可使用栏选,操作方法同修剪。

　　6. LENGTHEN 命令拉长尺寸

　　如果希望将一条直线或圆弧的长度改变为给定值,则 LENGTHEN 命令是非常有用的。该命令可以改变对象的尺寸和圆弧的夹角,但它无法改变一个封闭的对象。拉长对象的方法有增量拉长、百分数拉长、总量拉长,也可通过动态拖动来改变对象的长度。

　　7. SCALE 命令改变对象尺寸

　　SCALE 命令可通过指定比例因子,引用与另一对象间的指定距离,或用这两种方法的组合来改变相对于给定基点的现有对象的尺寸。它可以用来改变一部分线型的比例。

　　8. BREAK 命令打断对象

　　可以将对象指定的两点间的部分删掉,或将一个对象打断成两个具有同一端点的对象。

　　(1)部分截除

　　①选择对象时,选中的点作为第一点。

　　提示"选择对象:"时,在对象第一点 P_1 处选择对象。

　　提示"指定第二个打断点或[第一点(F)]:"时,指定第二点 P_2。则两点 P_1 和 P_2 间的内容去掉。

　　②选择对象,然后指定第一点。

　　提示"选择对象:"时,选择对象。

　　提示"指定第二个打断点或[第一点(F)]:"时,输入 F 后按 Enter。

提示"指定第一个打断点:"时,指定第一点 P_1。

提示"指定第二个打断点:"时,指定第二点 P_2,则 P_1 和 P_2 点间的内容去掉。

不管用哪一种部分截除的方法,都是截除两点之间的部分。如果选择的第二点不在对象上,AutoCAD 将把对象上与第二点距离最近的一点作为第二截断点。对于直线、圆弧、多段线一端的截断可以把第二点指定在要截取端之外。

(2)把对象截为两部分

使用打断命令,可以把对象在指定的一点截断,分为两部分。

提示"选择对象:"时,在对象第一点 P_1 处选择对象。

提示"指定第二个打断点或[第一点(F)]:"时,输入@ 后按 Enter 使第二点与第一点一致。从而实现把线段从 P_1 点截断为两段线。

4.2.5　利用圆角或倒角方法修饰对象

在系统中,有两个非常有用的对象修饰命令,它们可将对象的尖角削平或者使其变得较为平滑。

1. FILLET 命令修圆角

FILLET 命令在两个对象间加上一段圆弧。如果两个对象不相交的话,该命令可用来连接两个对象;如果将过渡圆弧半径设为 0,该命令将不产生过渡圆弧,而是将两个对象拉伸直至相交。FILLET 命令适用于直线、多段线顶点及整个多段线、圆弧等各种对象。在绘制一些道路的交叉口或是立交桥、花圃等时经常用到该命令。

2. CHAMFER 命令修倒角

CHAMFER 命令的原理与 FILLET 命令基本相同,但是结果却不大一样,该命令在两个对象间加一倒角。例如,可以用该命令很快地修剪两条相交线段所形成的角,并在两条线间按预定角度连一条直线。倒角可由每条线段的距离或一条线段的距离和角度来确定。当两个施加倒角的对象特征相同时(层、颜色、线型),创建的倒角对象特征与其一致,两个对象特征不同时,创建的倒角对象特征与当前层一致,倒角的两对象不能平行。

4.2.6　创建偏移对象、对象阵列和镜像对象

1. OFFSET 命令偏移对象

偏移复制是指被复制的新对象上的点与原对象上对应点均保持相等的距离,所以可用它复制等比放缩对象。

OFFSET 命令通过偏移产生新对象,在绘制地图时应用非常多,但该命令每次只能偏移复制一个对象。所以,经常是先将要偏移复制的对象转化为一条多段线,然后再进行偏移复制。

图 4 - 4　偏移复制绘制房屋

如图 4 - 4 所示,一幢房子已测出其两点坐标及宽度,如何绘制该房?首先用 1,2 点坐标画线,然后根据观测距离进行偏移复制,最后应用捕捉进行连线即可。OFFSET 命令的使用步骤如下。

命令:_offset

指定偏移距离或[通过(T)/删除(E)/图层(L)]<通过>:16(输入宽度距离)。

选择要偏移的对象,或[退出(E)/放弃(U)]<退出>:拾取线 12(选取偏移对象)。

指定要偏移的那一侧上的点,或 ［退出(E)/多个(M)/放弃(U)］ ＜退出＞:在哪一边偏移? 在线 12 上方拾取一点(向哪一边偏移)。

选择要偏移的对象:回车结束(继续选择同距离偏移)。

2. ARRAY 命令建立对象阵列

所谓对象阵列是指将某一对象一次复制多个,并使其呈矩形或环形排列。

ARRAY 命令可以建立矩形或环形阵列,而且阵列中的新对象与原始对象具有相同的层、颜色和线型。

3. MIRROR 命令建立镜像对象

MIRROR 命令用于将对象镜像拷贝,如果镜像选择集中含有文本,则必须把系统变量MIRRTEXT 设置为 0。

4. 2. 7　删除、放弃与重做

绘图过程中,我们会出现一些错误的操作,如何纠正呢? 这就要用到 OOPS,UNDO,U和 REDO 命令。ERASE 命令用于删除那些不用的对象。

OOPS 命令用于恢复最后一次由 ERASE、BLOCK 或 WBLOCK 命令从图形中移去的对象。它不取消命令,这和下面要讲的 U 或 UNDO 命令是不一样的。

UNDO 命令用于取消前面一个或几个命令的影响,并把图形恢复到未用这些命令之前的状态。其中 U 命令是 UNDO 命令的简化版,该命令每次只能恢复一步,标准工具的 UNDO工具发出的就是 U 命令。UNDO 命令也提供了一些选项,利用这些选项可恢复一步或多步操作,以及是否把菜单选项作为一个命令。

REDO 与 UNDO 或 U 命令正好相反。它仅在刚使用过 UNDO 或 U 命令的情况下才能工作。REDO 命令还用于取消选择。

PURGE 命令用于删除那些没有使用的块,尺寸标注格式,文本类型、层、线型等已命名的项,但不能删除被任何对象或任何其他项引用的项。该命令每次可以指定清除不同的选项,也可以指定 ALL 选项依次检查所有的类型。

4.3　图 层、线 型、颜 色

层是用来组织图形的最有效的工具之一,通过将不同性质的对象放置在不同的层上,可以方便地通过控制层的特性(冻结、锁定、关闭等)显示和编辑对象。层是透明的电子纸,一层挨一层的放置;可以根据需要增加或删除层;每层均可以拥有任意的系统颜色和线型,且在该层上创建的对象缺省地采用这些颜色和线型。当然,也可通过适当地设置使用与层不同的颜色和线型。

4. 3. 1　图层

缺省层是 0 层,在不作图层的任何设定时,图形对象都绘在 0 层上,0 层不可删除,可以创建新的图层,给图层设定颜色、线型和线宽。在这儿,我们所说的颜色、线型和线宽是图层中设定的,而不是针对个别图形对象。

图层特性管理器通过以下三种方式都可以打开,即"对象特性"工具栏中的图层工具、下拉菜单中的"格式→图层"或 LAYER 命令。

在图层特性管理器的状态栏中,显示全部图层数目和满足图层过滤条件的图层数目。

1. 新建图层

在"图层特性管理器"对话框中,单击"新建图层"按钮创建新图层。系统默认新图层是以"图层"后加一个顺次加1的层名,如图层1、图层2等。每新建一个图层,都可以输入自己的图层名称,名称可以用汉字,最长不超过255个字符,如果键入无效字符时,系统会自动提示。为了便于区分,一般层名按它包含图形对象集合的意义来命名。

一次新建多个图层时,可以不退出对话框,再次单击"新建图层"按钮,重复以上步骤即可。

2. 图层排序

图层排序,只需单击某一排序条件即可,如名称、状态、颜色、线型、线宽及打印样式等。单击"名称"则按名称的升序或降序排列;单击"颜色"则按颜色索引排序;单击"线型"则根据线型的字母顺序显示。

3. 设置当前层

因为系统只能在当前层绘图,所以要把新的图层对象绘制到指定的图层中,必须把这个图层设置成当前图层。

(1)利用图层特性管理器设置

在"图层特性管理器"对话框中,选择一图层后单击"置为当前"按钮;或在选定的图层名上单击鼠标右键,从菜单中选择"置为当前";或直接用左键双击要作为当前层的层名。

(2)利用图层控制列表设置

可以从"对象特性"工具栏中的"图层控制列表"中选择一层作为当前层,如图4-5 DLDW图层为当前图层。不能把冻结的图层和外部参照的图层设置为当前层。

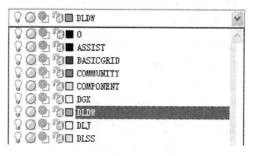

图4-5　图层控制列表

(3)把对象的图层设置为当前图层

如果新的图形对象要绘制的图层在当前图形中已经绘制了一些图形对象,需点选"对象特性"工具栏中的左侧图标"把对象的图层置为当前",然后选择已有的图形对象,则会自动把已有图形对象的图层置为当前层,使用起来更加方便、快捷。

4. 控制图层可见性

不可见图层上的图形对象不显示,也不打印,可见图层也可以设置不打印。对复杂的图形可以用控制图层可见性和是否打印的方法来简化操作,例如:编辑过程中,让部分不影响编辑工作的图层暂时不可见,减少图面上的线条;把一张标好尺寸的图形尺寸层设为不可见或不打印,打印出不含尺寸的图纸等。具体方法如下。

(1)开/关图层

关闭的图层中图形对象不显示、不打印,图形对象在图形重生成时要计算。对于需要频繁切换可见/不可见的图层,建议用开/关操作。

在"图层特性管理器"对话框中,选择想要开或关的图层,在开列下点击"开/关图层"的图标;

可以从"对象特性"工具栏中的图层控制列表(如图4-5所示)中点击"开/关图层"的

图标,为每个图层设置开/关;

整体在作图层选择时,可以在图层列表的背景处单击鼠标右键,弹出鼠标右键菜单,从鼠标右键菜单中选择全部。

(2)冻结/解冻图层

冻结的图层中图形对象不再显示或打印,图形对象在图形重生成时也不计算。复杂图形冻结部分图层后,可以大大加快缩放、平移等控制显示命令的执行速度,便于对象选择,减少图形重生成的时间。对于需要长期设置不可见的图层,建议用冻结/解冻操作。

在"图层特性管理器"对话框中,选择想要冻结或解冻的图层,在所有视口冻结列下点击"冻结/解冻"的图标,完成冻结。

可以从"对象特性"工具栏中的图层控制列表中点击"冻结/解冻"的图标为每个图层设置冻结/解冻。

(3)图层的锁定和解锁

在绘图过程中,可用图层的锁定和开锁功能控制图层的可编辑性。锁定图层中的图形对象不能编辑,如果锁定的图层处于打开和解冻状态,图层中的图形对象也是可见的。对于锁定的图层可以冻结、关闭及改变图层的颜色、线型和线宽等特性。方法如下:对话框中,选择想要锁定或解锁的图层,在锁定列下点击"锁定/解锁"的图标;可以从"对象特性"工具栏中的图层控制列表中点击"锁定/解锁"图标为每个图层设置锁定/解锁。

(4)图层的打印开/关

可以为可见层设置打印开关。例如,如果一个图层只包含参考信息(格网线),可以指定这个图层不打印。如果把一个层的打印关闭,这个层显示,但不打印。

在对话框中,选择想要打印或不打印的图层,在打印列下点击"打印"的图标进行设置。

5. 设置图层颜色

新建的图层缺省色是黑色,如果新建前选择某层使其亮显,新建的图层继承亮显层的颜色,可根据需要从"图层特性管理器"的对话框中选择层,修改图层的颜色。

点击图层列表中的颜色图标,弹出图中所示的"选择颜色"对话框。

选择颜色时要避免与绘图窗口背景色相同或相近,那样会造成视觉上无法看到或无法看清。

6. 指定图层线型

新建的图层缺省线型是 CONTINUOUS(实线),如果新建前选择某层使其亮显,新建的图层继承亮显的线型,可根据需要从对话框中选择层,为图层设置其他线型。

点击图层列表中的线型图标,选择一种已加载的线型或选择加载按钮,弹出"线型管理器"对话框,加载新线型。

7. 设置图层打印样式

打印样式可以改变一个打印文件的观察效果。通过修改一个对象的打印样式,可以不考虑对象的颜色、线型和线宽。可以设置输出效果,例如,抖动、灰度比、笔设置和淡显,也可以设置端点、连接点和填充样式。如果想要将相同图形打印成不同效果可以用设置打印样式的方法实现。

图形中的对象与缺省的随层打印样式设置相关。0 层缺省为一种普遍的打印样式,一个指定为普通的打印样式的层打印时采用已经设置的那个层上的特性。可以对对象或层指定打印样式,打印样式的定义在打印样式列表中。

可以观察一个选定对象的当前打印样式,改变一个对象的打印样式,把一种打印样式设定为当前。

可根据需要从"图层特性管理器"对话框中,选择一个图层,为图层设置其他打印样式。

8. 设置是否打印图层

是否打印的特性,有助于在保持图形显示可见性不变的前提下控制图形的打印特性。新建图层缺省为打印,图形中创建的对象缺省状态下随对象所在图层的打印特性。可根据需要从对话框中,选择一个图层,为图层指定是否打印。

9. 过滤图层

快速过滤器的目的是用户可以用过滤方式查看自己想看到的部分图层,取消当前不需要图层的列表显示。

10. 重新命名图层

在新建图层中,默认新图层是以"图层"后加一个顺次加 1 的层名,在新建图层时可以赋予它一个新的名称。在图层属性管理器中,支持使用长达 255 个字符的图层名称,使用文字提示显示超宽内容。对于已建立好的图层,绘图过程中可以随时从图层特性管理器对话框中为它重新命名。

选择一个要重命名的图层,再点击已亮显的图层名称,输入一新名称。0 层和外部参照图层不能重命名。

11. 删除图层

绘图过程中,可以随时从"命名图层过滤器"对话框中清除不再需要的图层,选择一个或多个图层,选择清除按钮。另外可以用 PURGE 命令删除图层;但是当前层、0 层、外部参照图层或包含图形对象的图层不能删除。

4.3.2　颜色

在绘图过程中,对图形对象设定颜色可以从视觉观察上方便地区分出具有一定共性的图形对象。颜色还有一个很特别的作用,就是通过指定绘图设备不同颜色的笔宽,把图形对象按颜色分出粗细。

在默认情况下,用图层控制颜色,图形对象取它所在的图层的颜色,也可以针对图形对象设定颜色。系统缺省的 0 层的颜色是黑色,如果不作任何设置,所画的任何图形都在 0 层上,其颜色为黑色。下面介绍针对图形对象的颜色设定。

为图形对象制定颜色可以有以下三种方式,使用菜单"格式→颜色"、命令 COLOR 或从"对象特性"工具栏如图 4 - 6 所示的颜色列表中选择"选择颜色..."。

执行命令后,弹出"选择颜色"对话框,即可进行颜色选择。

1. 随层

选择随层后,直接采用当前图层的颜色绘制新图形对象。

2. 随块

选择随块后,当前图形中新图形对象是黑色,如果这些图形对象组成块,调用此块时,块中图形对象的颜色是创建块时系统设定的颜色。

图 4 - 6　颜色列表

3. 选择颜色

在标准颜色区、灰度区或全色调色板区任选一种颜色,或在颜色栏输入 1 ~ 256 色的颜色代码或颜色名称,作为画新图形对象的颜色。

特别地,可以从"对象特性"工具栏中的颜色列表(如图 4 - 6 所示)中选择一种颜色作为画新图形对象的颜色。

4.3.3　线型

在实际应用中,为了保证图纸的规范化,各行各业都用国家标准、行业标准、企业标准等规定图纸上的表达方式。系统提供了很多种线型,如实线、中心线、虚线、双点线等,可以直接调用,或通过设置线型比例控制线的疏密,甚至定义自己的线型。

对于线型的操作有两种:一种是针对图形对象;另一种是用图层控制线型,即图形对象取它所在图层的线型。系统缺省有一个 0 层,实线线型如果不作任何设置,所画的任何图形都在 0 层上,其线型为实线线型。

设置线型有三种方式,使用菜单"格式→线型"、命令 LINETYPE 或从"对象特性"工具栏如图 4 - 7 所示的线型列表中选择一种线型。

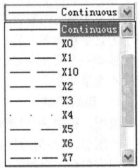

图 4 - 7　线型列表

1. 加载线型

系统缺省线型只有实线(continuous),如果需要其他线型必须从线型库中加载要用的线型,可以在"线型管理器"对话框中,单击加载按钮,将弹出如图 4 - 8 所示的"加载或重载线型"对话框,从对话框中选择最常用的几种线型:Center(中心线)、Hidden(虚线)、Phantom(双点画线),然后选择确定按钮,回到"线型管理器"对话框。

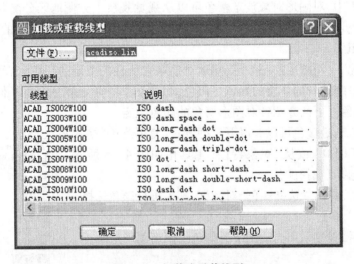

图 4 - 8　加载或重载线型

2. 设定当前线型

在"线型管理器"对话框中,设定当前线型很方便,可以选择以下几种情况。

（1）随层

选择随层后，点"当前"按钮，直接采用当前图层的线型画新图形对象。

（2）随块

选择随块后，点"当前"按钮，当前图形中新的图形对象是实型，如果这些图形对象组成块，调用此块时，块中图形对象的线型是创建块时系统设定的线型。

（3）选择线型

选择一种线型后，点"当前"按钮，把选择的线型作为当前线型。

从"对象特性"工具栏的线型列表中选择一种线型作为当前线型。一般情况下用图层来控制图形对象的特性，当前线型一般设为随层。

3. 重新命名线型

在绘图过程中任何时候都可以从"线型管理器"对话框中对线型重命名，有以下方式：直接重命名，选择一线型，在线型名称上单击鼠标左键，键入新名称；名称栏中输入，选择"显示细节"按钮，弹出图 4－9 所示对话框，在详细信息栏的名称输入框中输入新名称。

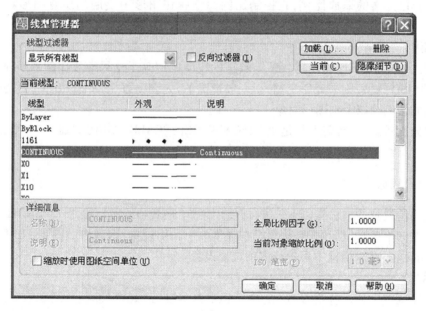

图 4 - 9　线型详细信息

4. 删除线型

在绘图过程中的任何时候都可以把不需要的线型删除。可以在"线型管理器"对话中，选择要删除的一个或多个线型后，选择删除按钮。另外 BYLAYE、BYBLOCK、CONTINUOUS、当前使用的线型及外部参考的线型不能删除；插入的块定义中调用的线型，甚至在块中的图形对象不曾用此线型，也不能删除；未插入的块定义中调用的线型，不能删除；图层调用的线型不能删除，即使取消调用，也只能在下次调用线型命令时才能删除。

5. 修改线型说明

线型有与它相关的说明，说明提供的是线型的 ASCII 码描述。可以在"线型管理器"对话框中修改说明，可以选择一种线型后，选择"显示细节"按钮，在详细信息栏的说明输入框中输入新的描述。但此修改的描述只是修改了列表中的观察效果，并不真正修改线型定义。

6. 设置线型比例

线型规定的是线的形状,而在实际应用中,如果不连续的线段疏密不合适时,还希望能控制线的疏密,这就是线型比例。系统缺省的线型比例为1,即线型中每个单位长度等于当前图纸中规定的一个单位长度(公制为 mm)。在图 4-9 所示的"线型管理器"对话框中设置线型比例。

(1)输入全局比例因子

选择"显示细节"按钮,在详细信息栏的"全局比例因子"输入框中输入线型比例值,它控制在图形中的所有的线型对象。

(2)输入当前对象缩放比例

在详细信息中的"当前对象缩放比例"输入框中输入线型比例值,它控制比例调整后在图形中绘制的图形对象的线型疏密。

(3)ISO 线型的缩放比例

对于 ISO 线型,不能调整当前对象缩放比例,通常把 ISO 线型设置为当前,从 ISO 笔宽列表中选择已定义的缩放比例,它控制比例调整后在图形中绘制的所有图形对象的线型疏密。

(4)说明

线型比例越小,不连续线越"密"。真正的线型比例等于全局缩放比例乘当前对象缩放比例(对于 ISO 线型,则乘 ISO 笔宽)。一般情况下,先调整好全局缩放比例,再通过调整当前对象缩放比例控制个别图形对象。

这部分比较复杂,事实上都是由 LTSCALE,CELTSCALE,PSLTSCALE 三个变量控制的,如果需要更详细的信息可以从帮助中查找与这三个变量相关的内容。

4.4.4　线宽

设置当前线宽的方法有以下三种,即使用菜单"格式→线宽"、命令 LWEIGHT 和在状态栏的线宽按钮上单击鼠标右键,从鼠标右键菜单中调用设置,则弹出如图 4-10 所示的"线宽设置"对话框,在对话框中可进行多项选择设置。

1. 线宽

在线宽区域中显示标准设置(随层、随块和缺省)及有效的线宽值,缺省值的大小有系统变量 LWDEFAULT 设置,系统缺省为 0.01 英寸或 0.25 mm,使用缺省线宽可以节省内存,提高效率。线宽列表的下方显示当前线宽,可以从列表中选择任意一个线宽值设置为当前线宽,所有新建图层的线宽都为缺省设置。

图 4-10　线宽设置

2. 列出单位

列出单位用于制定线宽显示的单位,毫米或英寸,选择其一作为线宽显示的单位。

3. 显示线宽

控制当前图形是否显示线宽,打开开关,当前图形在模型空间和图纸空间中都显示线宽,这样重生成的时间增加,执行速度明显降低,可以关闭显示线宽。显示线宽开关可以帮助我们选择最合适的显示效果。也可以使用状态栏的线宽按钮,很方便地切换线宽显示的开关。

4. 缺省

控制线宽列表中缺省设置的值,也是图层的缺省线宽。线宽列表中的缺省设置为 0.01 英寸或 0.25 mm,即一个像素的宽度。如果把缺省值设置为超过一个像素宽度的值,任何超过一个像素线宽的对象都可能降低显示执行速度,重生成的时间可能也会增加。

5. 调整显示比例

控制模型空间中的线宽显示比例。在模型空间中,线宽以像素的形式显示,线宽显示为与打印出的真实宽度成比例的像素宽度,可以调整显示比例,较好地显示不同线宽的宽度。如果想优化在模型空间工作时的性能,可以把线宽显示比例设置到最小值或完全关闭线宽显示。

6. 说明

如果保存图形为早期版本格式,图形预览不显示线宽。

4.4　显 示 命 令 与 坐 标 系

4.4.1　图形的缩放与平移

图形的缩放与平移用 ZOOM 和 PAN 命令实现,改变当前视窗所能观察到的绘图区域的尺寸和位置,不改变图形的绝对尺寸和位置。

1. ZOOM 命令缩放图形

每当重新打开一个图形文件,系统总是显示上次退出该文件时屏幕上的最后画面。此时如要缩放图形,可使用 ZOOM 命令。ZOOM 命令具有很多选项,常用各选项的意义分述如下。

(1)全部(A):用于在当前视口显示整个图形,大小取决于图形界限设置或有效绘图区域。该选项引起视图重生成。

(2)范围(E):该选项将图形在视口内最大限度地显示出来,它总是引起视图重生成。

(3)上一个(P):这一选项用于恢复当前视口内上一次显示的图形。

(4)窗口(W):该选项用于缩放一个由两个对角点所确定的矩形区域。

(5)比例(S)(X/XP):该选项将当前视口中心作为中心点,并且依据输入的相关参数值进行缩放。输入值必须是下列三类之一:不带任何后缀的数值用来表示相对于图限缩放图形;数值后跟字母 X,表示相对于当前视图进行缩放;数值后跟 XP 表示相对于图纸空间进行缩放。

2. PAN 命令平移视图

PAN 命令可以重新定位图形,以便看清图形的其他部分。执行命令后,则光标变成手形,此时按住鼠标左键不放并拖动光标,即可平移视图。要结束平移视图,可按 Esc 键、Enter 键,或单击鼠标右键打开一快捷菜单,然后从中选择"退出(E)"选项。该命令是透明命令,可在部分命令执行过程中调用。

4.4.2　重画和重生成

绘图过程中,经常会在屏幕上留下各种痕迹,此时为了消除这些痕迹,就必须执行重画功能。但是,对于某些操作,仅通过重画还不能反映其操作结果,必须执行重生成功能。

在 ZOOM 命令执行过程中,显示图形的速度在重画时较快,而在重生成时较慢,这在编辑复杂图形时非常明显。

大部分 ZOOM 命令的选项、REDRAW 命令、打开网格点、打开某层等操作都只要求重画而不要求重生成。只要不使用特定的 ZOOM 命令选项(如"全部"及"范围"),或缩放后图形超出了当前虚屏范围,或缩放的区域太小以至系统无法精确变换虚屏图形数据,就不会引发图形重生成。

此外,当完成了一系列操作后,很可能在屏幕上留下若干"痕迹",此时若无法用 REDRAW 或 REDRAWALL 命令消去,就必须使用 REGEN,REGENAUTO 或其他引起屏幕重生成的命令来消除这些"痕迹"。

4.4.3　坐标系

缺省坐标系称为世界坐标系(又称 WCS),也可定义自己的坐标系。在绘制地图过程中一般使用的是测量坐标系。

1. 世界坐标系

当开始一幅新图时,系统缺省地将图形置于一个 WCS 中,可以设想系统的图形窗口是一张绘图纸,其上已设置了 WCS 并延伸到整张图纸。WCS 包括 X 轴、Y 轴(如果在 3D 空间工作,还有一个 Z 轴)。位移从设定原点计算,沿 X 轴向右及沿 Y 轴向上的位移被规定为正位移。

图纸上任何一点,都可以用从原点的位移来表示。点表示为(X,Y),先规定点在 X 方向的位移,后面跟着点在 Y 方向的位移,中间用逗号隔开。原点的坐标为$(0,0)$。

系统缺省在图形窗口的左下角处显示 WCS 图符。但是,如果未利用 UCSICON 命令设置坐标系图符显示在坐标系原点,则在坐标系图符的左下角显示 X,Y 坐标系标志。

2. 测量坐标系

测量坐标系是在世界坐标系的基础上建立的,它的坐标原点$(0,0)$为当地的 0 坐标点,X 轴、Y 轴方向同世界坐标系,位移从设定原点计算,沿 X 轴向右及沿 Y 轴向上的位移被规定为正位移。但应注意图形上使用的坐标 X,Y 和外业观测所使用的 X,Y 正好相反,即外业观测的 X 值输入到图形中时,为图形中的 Y 值。

4.4.4　坐标

在系统中,大多数图形都由几个基本对象所构成,如直线、圆弧、圆和文本等。所有这些对象都要求输入点的坐标以确定它们的位置、大小和方向,如圆的中心、线段的起点和弧的终点等。

1. 绝对坐标

知道点的绝对坐标,或它们从$(0,0)$出发的角度及距离,则可从键盘上以几种方式输入坐标,其中包括直角坐标、极坐标、球坐标、柱坐标等。目前由于现代化仪器的发展,我们在制图过程中应用的主要是直角坐标,在一些特殊情况下也使用极坐标。

（1）直角坐标

可以用分数、小数或科学记数等形式输入点的 X,Y,Z 坐标值，坐标间用逗号隔开。例如，(3.5,7.25,5.75)和(6.3,2.0,3.4)均为合法的坐标值。

在制作平面图时，坐标只有 X 和 Y 轴位移，Z 坐标缺省为 0。所以，可仅输入 X,Y 坐标即可。例如，(6.0,5.4)和(7.4,6.8)均为合法的平面坐标。

（2）极坐标

极坐标也是把输入看成是对(0,0)的位移，只不过给定的是距离和角度，其中距离和角度用"<"号分开，且规定 X 轴正向为 0 度，Y 轴正向为 90 度。例如，(8.03<64)、(6<30)均为合法的极坐标。

2. 相对坐标

使用绝对坐标是有局限的，更多的情况下，知道一个点相对于上一个点的 X 和 Y 位移，或距离和角度。以这种方式输入的坐标即为相对坐标。

在系统中，直角坐标和极坐标都可以指定为相对坐标。其表示方法是在绝对坐标表达式前加"@"符号，例如，(@2,3)和(@6<30)均为合法的相对坐标。

需要说明的是，在相对极坐标中，角度为新点与上一点连线与 X 轴的夹角。

3. 坐标显示

状态条的坐标显示区域显示光标的坐标，在从键盘输入坐标或使用定位仪器（如鼠标）输入坐标时，是一个非常有用的帮手。该显示有 3 种操作方式，这取决于所选择的方式和程序中运行的命令。可以在任何时候按 F6、Ctr + D 或双击坐标显示区域，用于坐标显示开/关。

4.4.5　利用捕捉精确绘图

对象自动捕捉和对象自动跟踪功能使设计环境更加轻松。利用对象特征点捕捉工具和点追踪模式，在设计和编辑时可以减少很多画辅助线的过程，从而加快绘图进程。特征点的捕捉工具主要有对象捕捉、对象追踪和极轴追踪。对象特征点的捕捉适合于屏幕上所有可见对象，包括锁定层的对象、窗口边界、实体和多段线的线段，但不能捕捉关闭层或冻结层的对象。

1. 设置对象捕捉

操作方法有：菜单"工具→草图设置"，状态栏"对象捕捉→设置（右键菜单）"和命令DSETTINGS。执行命令后，弹出"草图设置"对话框如图 4 - 11 所示，首先选择对象捕捉选项卡。

（1）启用对象捕捉（开关）

切换对象捕捉开/关。此设置也可以由系统变量 OSMODE 控制。

（2）启用对象捕捉追踪（开关）

切换对象捕捉追踪开/关。对象捕捉追踪打开，在命令中需要指定点时，鼠标可以沿着基于其他对象捕捉点的对齐路径追踪。要用对象捕捉追踪，必须至少打开一种对象捕捉模式。此设置也可以由系统变量 AUTOSNAP 控制。

2. 对象捕捉模式

（1）端点：捕捉圆弧、椭圆弧、线、多线、多段线或射线最近的端点，或捕捉轮廓线、实体的拐角。

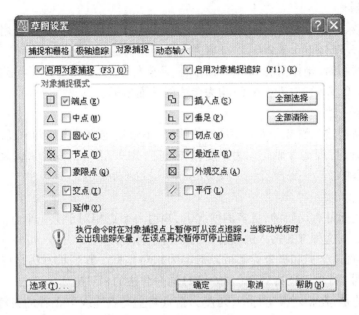

图 4 - 11 设置对象捕捉

(2)中点:捕捉圆弧、椭圆、椭圆弧、线、多线、多段线、实体、样条曲线或参照线的中点。

(3)圆心:捕捉圆弧、圆、椭圆、椭圆弧的圆心。

(4)节点:捕捉一个点对象。

(5)象限点:捕捉圆弧、圆、椭圆、椭圆弧的四分之一象限点处。

(6)交点:捕捉圆弧、圆、椭圆、椭圆弧、线、多线、多段线、射线、样条曲线或参照线的交点,或捕捉面域和曲线的交点。

选择交点对象捕捉模式后,自动打开延伸交点对象捕捉模式。延伸交点捕捉两个对象沿着各自自然路径延伸后相交的虚构交点。

(7)延伸:当鼠标经过对象端点时,显示一条临时的延伸线,因此可以用延伸线上的点绘制对象。

(8)插入点:捕捉属性、图块、图形或文本的插入点。

(9)垂足:捕捉垂直于圆弧、圆、椭圆、椭圆弧、线、多线、多段线、射线、实体、样条曲线或参照线的点。当绘制中的对象要求完成超过一个垂足的捕捉时,自动打开递延垂足捕捉模式,可以从线、圆弧、圆、多段线、射线、参照线、多线对象绘制一垂线,可以用递延垂足在这样的对象之间绘制垂线。

(10)切点:捕捉圆弧、圆、椭圆、椭圆弧的切点。绘制中的对象要求完成超过一个切点的捕捉时,自动打开递延切点。例如:可以用递延切点绘制一条切于两条圆弧、多段线弧或圆的直线。捕捉靶区经过递延切点时,显示捕捉标记。

(11)最近点:捕捉圆弧、圆、椭圆、椭圆弧、线、多线、点、多段线、样条曲线或参照线上的最近点。

(12)外观交点:外观交点包括两种捕捉模式,外观交点和延伸外观交点。外观交点对象模式打开时,也可以捕捉交点和延伸交点。

外观交点捕捉到两个3D空间中不相交的对象(圆弧、圆、椭圆、椭圆弧、多段线、射线、样条曲线或参照线)在草图显示中呈现出的交点。延伸外观交点捕捉到两个对象沿着各自自然路径延伸后呈现的外观交点。外观交点和延伸外观交点对于面域和曲线的边界有效。

(13)平行:平行对象捕捉打开时,绘制矢量过程中提示第二点时,可以绘制出平行于另一对象的矢量。

绘制命令指定一个矢量的第一点后,移动鼠标经过另一对象的直线段时获得一点,继续移动鼠标,当创建的矢量方向平行于此直线段时,显示平行于此直线段对象的对齐方向。

(14)全部清除:关闭所有对象捕捉模式。

(15)全部选择:打开所有对象捕捉模式。

第5章 数字测图内业

野外数字测图技术主要用于测绘大比例尺数字地形图、数字地籍图、数字房产图、数字管线图等。由于大比例尺地形图是各部门进行规划、设计、施工、管理、科研和教学的基本依据之一,在工程等各领域有着广泛应用。

数字测图的内业必须借助专业的数字测图软件完成,数字测图软件是数字测图系统中重要的组成部分。目前,国内市场上技术比较成熟的数字测图软件主要有南方测绘仪器公司的"数字化地形地籍成图系统 CASS"系列、北京威远图的"SV300 系列"、广州开思的 SCS系列等。其中,南方测绘仪器公司的"数字化地形地籍成图系统 CASS"系列软件是众多数字测图软件中功能完备、操作方便、市场占有率较高的主流成图软件之一。本章主要以其最新版本 CASS 9.0 为例,介绍数字测图内业的工作内容和方法。

5.1　CASS 数字测图系统操作主界面及其内容简介

CASS 地形地籍成图软件是我国南方测绘仪器公司开发的基于 AutoCAD 平台的数字测图系统,它具有完备的数据采集、数据处理、图形生成、图形编辑、图形输出等功能,能方便灵活地完成数字测图工作,广泛用于地形地籍成图、工程测量、GIS 空间数据建库等领域。

CASS 9.0 是 CASS 软件的最新升级版本,由软件光盘和一个"加密狗"构成。CASS 9.0以 AutoCAD 为技术支撑平台,同时适用于 AutoCAD 2002/2004/2005/2006/2007/2008/2010。CASS 9.0 的安装应该在完成 AutoCAD 的安装并运行一次后进行。关于 AutoCAD 和CASS 9.0 安装的详细操作在此不赘述。

5.1.1　CASS 的操作主界面

运行 CASS 9.0 之前必须先将"软件锁"插入 USB 接口。启动 CASS 9.0 后,弹出如图5-1 所示的 CASS 9.0 操作主界面。CASS 9.0 的操作主界面主要由下拉菜单栏、CAD 标准工具栏、CASS 实用工具栏、屏幕菜单栏、图形编辑区、命令行、状态栏等组成。标有"▶"符号的下拉菜单表示还有下一级菜单,每个菜单项均以对话框或命令行提示的方式与用户交互应答。

5.1.2　菜单与工具栏内容简介

1. 下拉菜单栏

操作界面标题栏下面即为下拉菜单栏。它包括 13 个下拉菜单,分别是文件、工具、编辑、显示、数据、绘图处理、地籍、土地利用、等高线、地物编辑、检查入库、工程应用、其他应用。利用这些菜单功能,即可满足数字图绘制、编辑、应用、管理等操作需要。例如,数据、绘图处理、等高线和工程应用这 4 个下拉菜单的各个功能项见图 5-2 所示。

2. 屏幕菜单栏

屏幕菜单栏一般设置在操作界面右侧,是用于绘制各类地物的交互式菜单。屏幕菜单

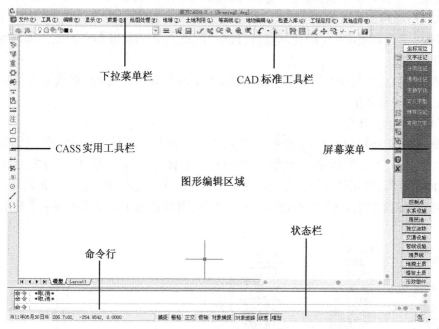

下拉菜单栏

CAD 标准工具栏

CASS实用工具栏

屏幕菜单

图形编辑区域

状态栏

命令行

图 5 – 1　CASS 9.0 操作主界面

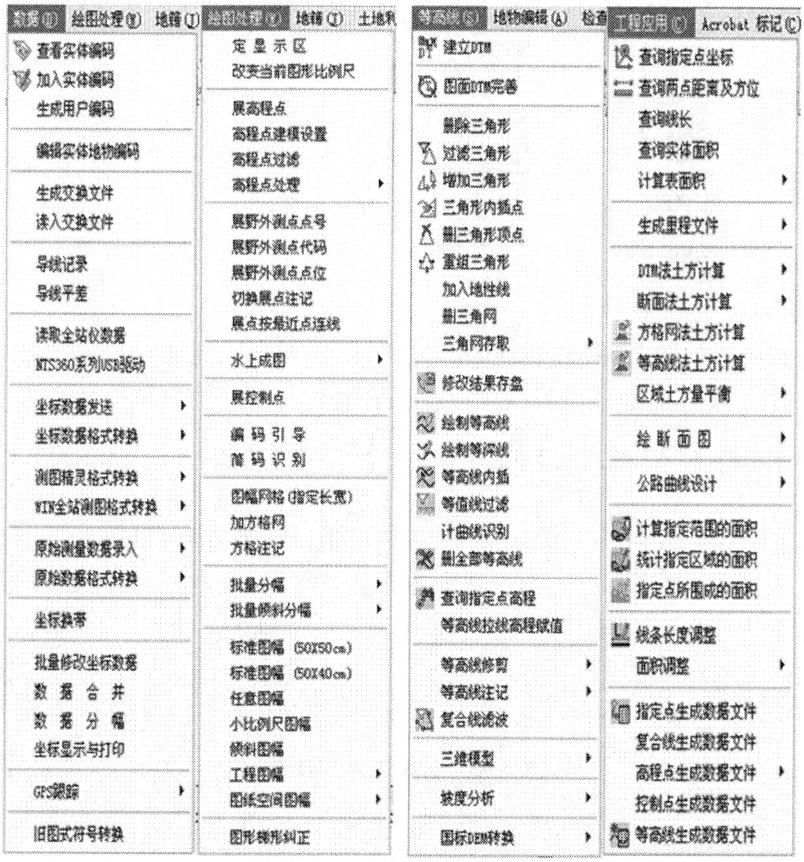

图 5 – 2　CASS 9.0 下拉菜单

第一页提供了四种定点方式,即坐标定位、测点点号、电子平板和数字化仪,如图 5-3(a)所示。进入屏幕菜单的交互编辑功能时,必须先选定某一定点方式。例如,选中"坐标定位"时,屏幕菜单变为如图 5-3(b)所示条目;选中"测点点号"时,屏幕菜单变为如图 5-3(c)所示条目。

如果想从第二页菜单返回到第一页菜单,单击屏幕菜单顶部的"定点方式"条目提示,即可返回上级屏幕菜单。

3. CASS 实用工具栏

CASS 实用工具栏如图 5-4 所示,一般放在屏幕左侧。它具有 CASS 的一些常用功能,如察看实体编码、加入实体编码、批量选取目标、线型换向、查询坐标、距离与方位角、文字注记、常见地物绘制、交互展点等。当光标在工具栏的某个图标停留时就显示该图标的功能提示。使用 CASS 实用工具栏,配合命令行提示操作,可简化对下拉菜单和屏幕菜单的操作。

图 5-3　CASS 屏幕菜单栏　　　　　　　　　图 5-4　CASS 实用工具栏

CAD 标准工具栏如图 5-5 所示,它包含了 AutoCAD 的许多常用功能,如图层的设置、线型管理器、打开已有图形、图形存盘、重画屏幕、图形平移、缩放、对象特征编辑器、移动、复制、修剪、延伸等。这些功能在下拉菜单中也都有。

图 5-5　CAD 标准工具栏

5.2　数据传输与参数设置

数据传输的作用是完成电子手簿或全站仪与计算机之间的数据相互传输。而要实现电子手簿或全站仪与计算机之间的正常通信,作业前一般要对全站仪、电子手簿、计算机等进行必要的参数设置。

5.2.1　数据传输

在进行数据传输前,首先应熟悉全站仪的通信参数,以便在传输数据过程中在人机对话框选择正确的参数。然后选择正确的通信电缆将全站仪与计算机连接,即可进行计算机与全站仪间的数据传输。

1. 由全站仪到计算机的数据传输

每次外业数据采集完成之后应该及时地将数据传输到计算机,这样既可以保证下次作业时仪器有足够的存储空间,同时也降低了数据丢失的可能性。由全站仪到计算机的数据传输步骤如下(以 CASS 9.0 为例)。

(1)硬件连接

打开计算机进入 CASS 9.0 系统,查看仪器的相关通信参数,选择正确的数据线将全站仪与计算机正确连接。

(2)设置通信参数

执行 CASS 9.0"数据"菜单下的"读取全站仪数据"命令,在弹出的对话框中(如图5-6)选择相应型号的仪器(如徕卡 GSI 格式),设置通信参数(通信口、波特率、校验、数据位、停止位),并且应与全站仪内部通信参数设置相同,选择文件保存位置、输入文件名,并选中"联机"选项。

(3)传输数据

单击图 5-6 中的"转换"按钮即弹出如图 5-7 所示对话框,按对话框提示顺序操作,命令区便逐行显示点位坐标信息,直至通信结束。

图 5-6　全站仪数据内存转换对话框

图 5-7　计算机等待全站仪信号提示

如果想将以前传过来的数据进行数据转换,可先选好仪器类型,再将仪器型号后面的"联机"选项取消。这时通信参数全部变灰。接下来,在"通信临时文件"选项下填上已有的临时数据文件,再在"CASS 坐标文件"选项下填上转换后的 CASS 坐标数据文件的路径和文件名,单击"转换"即可。

如果是用"测图精灵"采集数据,要将坐标数据和图形数据传输到计算机中,供 CASS 9.0 进一步处理。用测图精灵测完图后,进行保存时,形成扩展名为 SPD 的图形文件;在测图精灵的"测量"菜单项下选择"坐标输出",可得到 CASS 的标准坐标数据文件(扩展名为 DAT)。

测图精灵外业结束后,可将 SPD 文件复制到 PC 机上,在 CASS 测图系统中进行图形重构。具体操作如下。

执行 CASS 系统中"数据"下拉菜单的"测图精灵数据格式转换\读入"命令,出现"输入测图精灵图形数据文件名"对话框,从测图精灵中找到要传的图形数据文件,点击"打开"按钮,系统读入 SPD 格式图形数据,并自动进行图形重构生成 DWG 格式图形文件,与此同时还生成原始测量数据文件 * . HVS 和坐标数据文件 * . DAT。

如果要将一幅 AutoCAD 格式的图(扩展名为 DWG)转到测图精灵中进行修补测图,可执行"数据"下拉菜单的"测图精灵格式转换\转出"命令,将 CASS 系统下的图形转成测图精灵的 SPD 图形文件。

2. 由计算机到全站仪的数据传输

在实际作业过程中,有时也需要将计算机上的数据导入全站仪或电子手簿,如控制点坐标文件。CASS 9.0 系统的"坐标数据发送"命令可实现由计算机到全站仪或 PC – E500 的数据传输。与由全站仪到计算机的数据传输类似,单击 CASS 9.0"数据"菜单下的"坐标数据发送"命令,然后按提示操作即可实现。

值得一提的是,在数据通信过程中,一般接收方应先于发送方处于接受状态后,发送方才开始向接受方发送数据,以避免数据传输的丢失。

5.2.2　绘图参数设置

1. CASS 9.0 参数设置

在内业绘图前,一般应首先根据要求对 CASS 9.0 有关参数进行设置。鼠标左键单击"文件"菜单的"CASS 9.0 参数设置"项,系统会弹出一个对话框,如图 5 – 8 所示。该对话框内有"地物绘制""电子平板""高级设置"及"图框设置"四个选项卡。

(1)地物绘制选项卡

如图 5 – 8 所示,地物绘制选项卡的设置项包括高程注记位数(小数点后的位数)、自然斜坡短坡线长度等 11 项,用户根据对话框的提示进行相关设置即可。

(2)高级设置选项卡

如图 5 – 9,各参数选项的功能如下:

①生成和读入交换文件:可按骨架线或图形元素生成或读入交换文件。

②DTM 三角形限制最小角:设置建三角网时三角形内角可允许的最小角度。系统默认为 10°,若在建三角网过程中发现有较远的点无法连上时,可将此角度改小。

③简码识别房屋是否自动闭合。设置简码成图时,房屋是否封闭。

④用户目录:设置打开或保存数据文件的默认目录。

⑤图库文件:设置两个库文件的目录位置,注意库名不能改变。

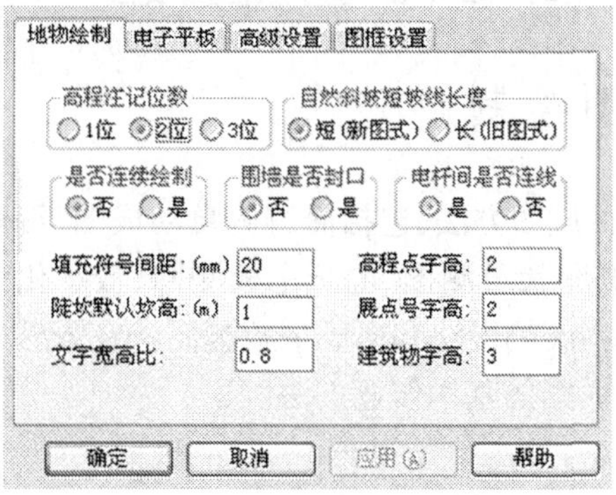

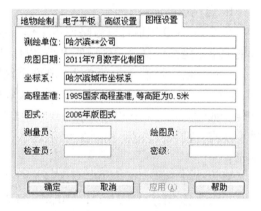

图 5-8 CASS 参数设置选项 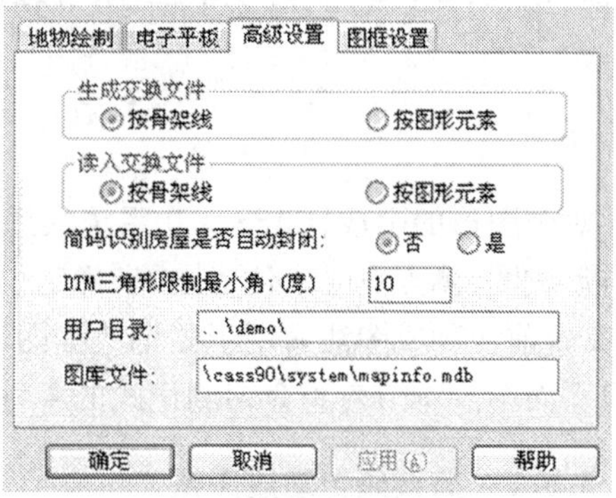   图 5-9 CASS 高级设置选项

(3)图框设置选项卡

依实际情况填写图 5-10 中的相应设置,则完成图框图角章的自定义。其中测量员、绘图员、检查员等可以到加图框的时候再填写。

2. AutoCAD 系统配置

单击"文件"下拉菜单中"AutoCAD 系统配置"菜单项,系统弹出如图 5-11 所示的 AutoCAD 系统配置对话框,可以在此对话框中对 CASS 9.0 的工作环境进行设置。具体操作可参阅 AutoCAD 教材及《CASS 9.0 参考手册》。值得指出的是:在"配置"选项卡中,可以控制 CASS9.0 和 AutoCAD 之间的切换。如

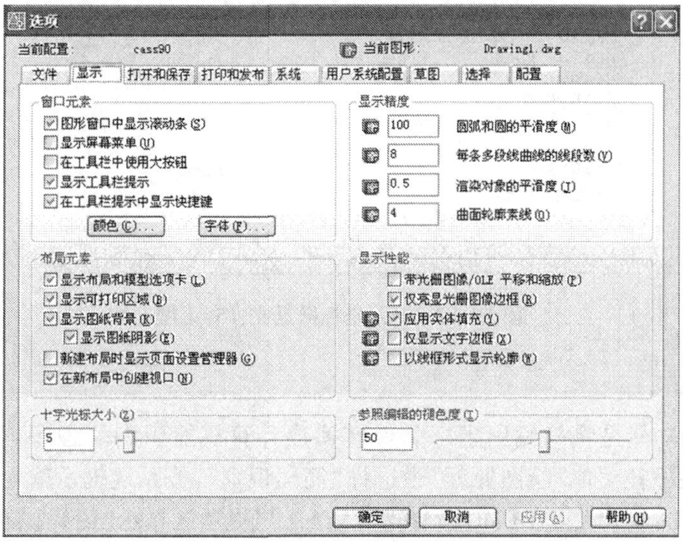

图 5-10 CASS 图廓设置选项

图 5-11 AutoCAD 系统配置

果想在 AutoCAD 环境下工作,可在此界面下选择"unnamed profile",然后单击"置为当前"按钮;如果想在 CASS 9.0 环境下工作,可选择 CASS 9.0,然后单击"置为当前"按钮。

5.3　平面图绘制

对于图形的生成,CASS 9.0 系统共提供了 7 种成图方法,包括简编码自动成图、编码引导自动成图、测点点号定位成图、坐标定位成图、测图精灵测图、电子平板测图、数字化仪成图,其中前 4 种成图法适用于测记式测图法;测图精灵测图法和电子平板测图法在野外直接绘出平面图。本节着重介绍测记式的 4 种绘制平面图的基本作业方法。

5.3.1　简编码自动成图法

该方法是在野外采集数据时输入简编码,数据输入计算机后,经简单操作自动成图。该法野外作业较麻烦,但内业简单,具体操作如下。

1. 定显示区

从 CASS 4.0 以后可以省略该步工作。定显示区的作用是根据坐标数据文件中各点坐标的大小来定义屏幕显示区域的大小,以保证所有碎部点都能显示在屏幕上。

执行"绘图处理"下拉菜单中"定显示区"命令,出现提示输入坐标数据文件名的对话框,如图 5 - 12 所示,可直接通过键盘输入坐标数据文件名,也可以通过选择打开坐标数据文件。如输入:D:\CASS90\DEMO\YMSJ. DAT,单击"打开"系统将自动检索 YMSJ. DAT 文件中所有点的 X,Y 坐标,找到最大和最小 X,Y 值,以确定屏幕上的显示范围,并在命令区显示:

最小坐标(米):$X = 31\ 067.315,Y = 54\ 075.471$

最大坐标(米):$X = 31\ 241.270,Y = 54\ 220.000$

图 5 -12　输入坐标数据文件对话框

2. 简码识别

简码识别的功能是将简编码坐标文件转换成计算机能识别的程序内部码(又称绘图码)。操作时,在下拉菜单"绘图处理"中选择"简码识别",按系统提示输入带简编码的坐标数据文件名(如 D:\CASS90\DEMO\YMSJ. DAT)。当提示区显示"简码识别完毕!",同时在屏幕绘出平面图,如图 5 - 13 所示。

利用简编码自动成图法绘制的平面图,通常还要利用野外绘制的简易草图或记录,进行一些图形的修改与编辑。

5.3.2　编码引导自动成图法

该法成图时,需内业人工编辑一个"编码引导文件"。编码引导文件是一个包含了地物编码、地物的连接点号和连接顺序的文本文件,它是根据草图在室内由人工编辑而成的。将编码引导文件和坐标数据文件合并,系统自动生成一个包含地物全部信息的简编码坐标数据文件,利用简编码坐标数据文件即可自动成图。具体操作步骤如下。

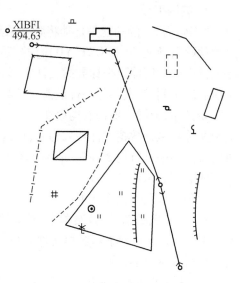

图 5 - 13　简码法成图示例

1. 编辑编码引导文件

在绘图之前应编辑一个编码引导文件,该文件的主文件名一般取与坐标数据文件相同的文件名,后缀一般用"YD",以区别其他文件项。编写引导文件时,有如下要求:

(1)每一行只能表示一个地物,如一幢房屋、一条道路、一个控制点;

(2)每一行的第一个数据为地物代码,以后按照地物各点的连接顺序依次输入各顺序点点号,格式如下代码,点号 1,点号 2,……,点号 n;

(3)同一行的各个数据之间必须用逗号","隔开;

(4)表示地物代码的字母要大写。地物代码的编写需参考 CASS 的野外操作码。用户也可根据自己的需要定制野外操作简码,通过更改 C:\CASS90\SYSTEM\JCODE.DEF 文件即可实现,具体操作见《CASS 9.0 参考手册》。

图 5 - 14 为野外观测草图,对应的编码引导文件如下:

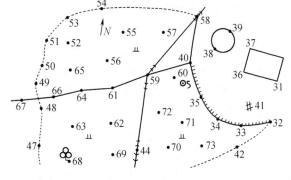

图 5 - 14　野外观测草图

D1,58,59,44

U0,40,35,34,33,32

Y1,38,39

D3,60,59,61,64,66,67

F2,31,36,37

H0,32,42,43,45,46,47,48,49,50,51,53,54,58,40

A50,68

A14,41

COP3,5

2. 编码引导

"编码引导"的功能是自动将野外采集的无码坐标数据文件(如 CXT. DAT)和前面编辑好的编码引导文件(如 CXT. YD)合并,系统自动生成带简编码的坐标数据文件。由编码引导文件得到的简编码坐标数据文件在形式上与野外采集的简编码坐标数据文件相同,但其实质有所不同,该文件每一行最前面的数字仅仅是顺序号,而不是点号。前者各个点已经经过重新排序,把同一地物点均放在一块,变成一个地物一个地物存放,很有规律,其实质是把引导文件和坐标数据文件合二为一,包含了各个地物的全部信息。后者各个坐标是按采集时的观测顺序进行记录,同一地物点不一定放在一块,多个地物点可能相互混杂;其每行最前面的数字表示该点点号。

编码引导具体操作如下:

执行"绘图处理"下拉菜单中"编码引导"命令,再根据对话框提示,依次输入编码引导文件名(CXT. YD)和坐标数据文件名(CXT. DAT),系统按照这两个文件自动生成图形,同时命令行提示"引导完毕"。

CASS 早期版本要求输入"简编码的坐标数据文件名",并生成简编码的坐标数据文件,然后将该文件进行"简码识别",才能自动绘出平面图。

5.3.3 测点点号定位成图法

利用"测点点号定位成图法"绘制平面图时,只需把上述坐标数据文件中的碎部点点号展在屏幕上,利用屏幕菜单"测点点号"中各图式符号,对照草图上标明的各点点号、地物属性和连接关系,将地物逐个绘出。具体方法如下。

1. 展点

"展点"可把坐标数据文件中的各个碎部点点位及其相应属性(如点号、代码或高程等)显示在屏幕上。此时应展野外测点点号。

在"绘图处理"下拉菜单中选择"野外测点点号"项,系统提示"输入要展出的坐标数据文件名"(如 D:\CXG\CXT. DAT)。输入后单击"打开",则数据文件中所有点以注记点号形式展现在屏幕上。若没有输入测图比例尺,命令行窗口将要求输入测图比例,输入比例尺分母后回车即可。

2. 选择"测点点号"屏幕菜单

在右侧屏幕菜单的一级菜单"定位方式"中选取"测点点号",系统将弹出一个对话窗,提示选择点号对应的坐标数据文件名(依然是 D:\CXG\CXT. DAT)。输入外业所测的坐标数据文件并单击"打开"后,系统将所有数据读入内存,以便依照点号寻找点位。此时屏幕菜单变为图 5 – 3(c)所示的菜单,同时命令行显示:读点完成! 共读入 189 个点。

3. 绘平面图

由图 5 – 3(c)可知,屏幕菜单将所有地物要素分为 11类,如文字注记、控制点、地籍信息、居民地等,此时即可按照其分类分别绘制各种地物。下面以绘矩形类普通房屋、多边形房屋、陡坎说明其操作方法。

(1)绘制矩形类普通房屋

图 5 – 15 是外业草图中的普通房屋。在屏幕菜单处选

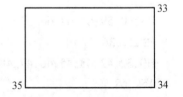

图 5 – 15 普通房屋

择"居民地"时,屏幕中弹出"居民地"层的各种图式符号,如图 5 – 16 所示。从中选择与草

图相应的图式符号"四点房屋",单击"确定"按钮,命令行提示及操作依次如下。

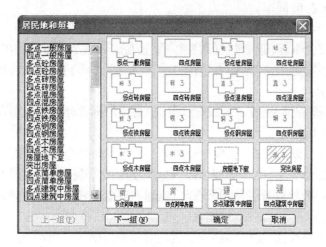

图 5 – 16　居民地对话框

1. 已知三点/2. 已知两点及宽度/3. 已知四点<1>:回车;

点 P/<点号>输入 33,回车;

点 P/<点号>输入 34,回车;

点 P/<点号>输入 35,回车。

这样,即可把 33,34,35 三点连成一个矩形房屋。同时可以看到,所绘的房屋带有颜色,即图形自动加上了属性(编码:141101),并存放于与其相应的图层中。需要注意的是,绘房子时,输入点号必须按一定顺序(如顺时针或逆时针)输入,否则所绘图形不对。

为便于查看点号,要使用视图缩放命令适当放大绘图区,方法是单击"CAD 标准工具栏"中的视图缩放命令(常用窗口放大命令)放大绘图区。

(2)绘制多点房屋

如图 5 – 17 所示,测定了多边形房屋 55,54,83 三个点点位,丈量了三条边长。在屏幕菜单处选择"居民地"时,屏幕中弹出"居民地"层的各种图式符号,如图 5 – 16 所示,从中选择与草图相应的图式符号"多点一般房屋",单击"确定"按钮后,命令行提示及操作如下:

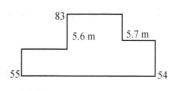

图 5 – 17　多边形房屋

第一点:

鼠标定点 P/<点号>:输入 55,回车;

曲线 Q/边长交会 B/跟踪 T/区间跟踪 N/垂直距离 Z/平行线 X/两边距离 L/点 P/<点号>:输入 54,回车。

屏幕绘出第一条边,同时命令行提示:

曲线 Q/边长交会 B/跟踪 T/区间跟踪 N/垂直距离 Z/平行线 X/两边距离 L/隔一点 J/微导线 A/延伸 E/插点 I/回退 U/换向 H 点 P/<点号>:输入 A,回车。

因为接下来两个点都是通过直角量距确定,类似于测支导线,故此时可选用"微导线 A"功能,键入 A,回车确认后,命令行提示:

微导线 – 键盘输入角度(K)/<指定方向点(只确定平行和垂直方向)>:用鼠标指定

方向(55 - 54 的左边);

　　距离 <m>:输入 6,回车。

　　此时,屏幕上绘出第二条边。同时命令行还提示:

　　曲线 Q/边长交会 B/跟踪 T/区间跟踪 N/垂直距离 Z/平行线 X/两边距离 L/闭合 C/隔一闭合 G/隔一点 J/微导线 A/延伸 E/插点 I/回退 U/换向 H 点 P/<点号>:输入 A,回车确认后,命令行提示:

　　微导线 - 键盘输入角度(K)/<指定方向点(只确定平行和垂直方向)>:用鼠标指定方向(6m 直线的左边);

　　距离 <m>:输入 5.7,回车,屏幕上绘出第三条边。同时命令行还提示:

　　曲线 Q/边长交会 B/跟踪 T/区间跟踪 N/垂直距离 Z/平行线 X/两边距离 L/闭合 C/隔一闭合 G/隔一点 J/微导线 A/延伸 E/插点 I/回退 U/换向 H 点 P/<点号>:输入 J,回车。

　　鼠标定点 P/<点号>:输入 83,回车。

　　由于实测了 83 号点,应使用"隔一点"的功能。只需输入 J 和 83 号点,即可绘出第四条边、第五条边。再利用"微导线 A"功能绘出第六边。最后利用"隔一闭合 G"功能,键入 G自动完成图形闭合。这样多边形房屋就绘好了。

　　(3)绘制陡坎

　　在屏幕菜单处选择"地貌和土质",出现对话框如图 5 - 18 所示。选择"未加固陡坎"后,单击"确定"按钮,命令行提示及操作如下:

　　输入坎高:(米)<1.000>:输入 1.5,回车;

　　鼠标定点 P/<点号>:输入 20,回车;

　　鼠标定点 P/<点号>:输入 21,回车;

　　拟合吗 <N>?回车。

　　操作时,陡坎的坎毛是沿前进方向的左侧自动生成的,故输入点号时要注意点号的输入顺序。点号输入完毕后,对于下一个提示"点 P/<点号>"直接按回车键或按右键结束。当问及是否拟合时,如果要把点间连线拟合成曲线,则键入"Y";否则,键入"N"或直接回车确认。

图 5 - 18　地貌和土质对话框

（4）绘制独立地物

如欲绘水井，在屏幕菜单处选择"水系设施"，出现"水系及附属设施"对话框，数次点击"下一组"按钮，出现水井图标，如图 5 – 19 所示。选取"坎儿井竖井"后确定，命令行提示：鼠标定点 P/ < 点号 >：输入竖井的点号，回车，即在屏幕上绘出竖井符号。

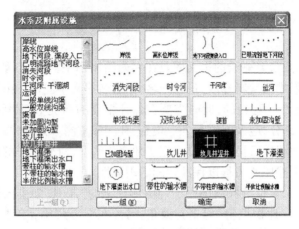

图 5 – 19　水系及附属设施对话框

5.3.4　坐标定位成图法

坐标定位成图法操作类似于测点点号定位成图法。所不同的仅仅是绘图时点位的获取不是通过输入点号而是利用"捕捉"功能直接在屏幕上捕捉所展的点，故该法较测点点号定位成图法更方便。其具体的操作步骤如下。

（1）展点。

（2）选择"坐标定位"屏幕菜单。

以上两步操作同前述。

（3）绘制平面图。

绘图之前要设置捕捉方式，有几种方法可以设置。如选择"工具"下拉菜单中"物体捕捉模式"的"节点"，以"节点"方式捕捉展绘的碎部点；也可以用鼠标右键单击状态栏上面的"对象捕捉"进行设置；取消与开启捕捉功能可以直接按键盘"F3"进行切换。绘图方法同"测点点号定位法成图"。需要指出的是，上述绘图方法一般并不单独使用，而是相互配合使用。

如果野外没有绘制草图，也没有输简码，而是用记录本记录绘图信息，可采用下述作业程序，以提高绘图效率和绘图正确性。

数据通信→编辑坐标数据文件→按野外测点点号展点→用"坐标定位"法绘平面图→打印→实地校对。

数据采集当天晚上将采集的坐标数据文件传输到计算机，随后在文本编辑状态将坐标数据文件中的点号项后面加上野外记录（如用 F，L，D，P，K，G，J，SJ 等，分别表示房、路、电杆、坡、陡坎、沟、地类界、水井等）标志。然后用"展野外测点点号"功能将点号和野外记录代码一并展绘到屏幕上。再选择"坐标定位"的绘图方式，凭借测图时的印象，再参考记录，准确地绘出平面图。如果有条件，可用打印机打印出当天测的图，次日到实地核对，并用勘丈法将无法实测的地物记录在打印图纸上,供内业补绘。

CASS 数字测图系统能自动将绘制的地物放置在相应的图层中,如简单房屋放置在"JMD"(意为居民点)图层,小路放置在"DLSS"(意为道路设施)图层,水井放置在"SXSS"(意为水系设施)图层。CASS 9.0 设置了 28 个图层,用户可以根据需要增加图层。

5.4　编辑、注记与数据处理

用电子平板或测图精灵测绘的平面图及在室内绘制的平面图,一般都要利用人机交互图形编辑功能,对图形进行编辑修改,进行地名、街道名等文字注记。由于实际地形、地貌的复杂性,错测、漏测是难以避免的,此时需要在保证精度的前提下,消除相互矛盾的地形地物,对于错测、漏测的部分,应及时进行外业检查、补测或重测。另外,当地图测好后,随着时间的变化,要及时对地图进行更新,即要根据实地变化情况,对变化了的地形地物进行增加、删除或修改,可采用下述作业流程以保证地图的现势性。

针对这些要求,CASS 系统提供了用于绘图和注记的"工具"、用于编辑修改图形的"编辑"和用于编辑地物的"地物编辑"等下拉菜单,另外在屏幕菜单和工具栏中也提供了部分编辑命令。下面简单地介绍一些常用编辑功能,详细使用见《CASS 9.0 参考手册》。

5.4.1　地物编辑

地物编辑菜单主要提供对地物的编辑功能,下面对该菜单下的一些主要功能进行简单介绍。

(1)重新生成:能根据图上骨架线重新生成一遍图形。通过这个功能,编辑复杂地物(如围墙、陡坎等)只需编辑其骨架线。

(2)线型换向:用来改变各种线型地物(如陡坎、栅栏)的方向。

(3)修改墙宽:依照围墙的骨架线来修改围墙的宽度。

(4)修改坎高:能查看或改变陡坎各点的坎高。

(5)线型规范化:可控制虚线的虚部位置以使线型规范。

(6)批量缩放:可对屏幕上的注记文字和地物符号进行批量放大或缩小,还可使各文字位置相对它被缩放前的定位点移动一个常量。

(7)测站改正:如果用户在外业不慎搞错了测站点或定向点,或者在作控制前先测碎部,可以应用此功能进行测站改正。

(8)局部存盘:分为"窗口内的图形存盘"和"多边形内图形存盘",前者能将指定窗口内的图形存盘,主要用于图形分幅;后者能将指定多边形内的图形存盘,水利、公路和铁路测量中的"带状地形图"可用此法截取。

以上这些常用的图形编辑功能都是按命令行提示操作,操作较简单。

(9)图形接边:当两幅用旧图数字化得到的图形进行拼接时,存在同一地物错开的现象,可用此功能将地物的不同部分拼接起来形成一个整体。执行本菜单命令后,弹出如图 5-20 所示对话框。输入接边最大距离和无结点最大角度后,可选用手工、全自动、半自动 3 种方式接边。手工是每次接一对边;全自动是批量接多对边;半自动是每接一对边前提示是否连接。

(10)"图形属性转换"的子菜单提供有 14 种转换方式,每种方式有单个和批量两种处理方法。以"图层→图层"为例,单个处理时,命令行提示:

转换前图层,输入转换前图层;

转换后图层,输入转换后图层。

系统会自动将要转换图层的所有实体变换到要转换到的层中。如果要转换的图层很多,可采用"批量处理",但是要在记事本中编辑一个索引文件,格式是:

转换前图层 1,转换后图层 1

转换前图层 2,转换后图层 2

转换前图层 3,转换后图层 3

……

END

图 5 – 20　图形接边对话框

"植被填充""土质填充""小比例房屋填充""图案填充"都是在指定区域内填充上适当的符号,但指定区域必须是闭合的复合线。按提示操作,系统将自动按照"CASS 9.0 参数配置"的符号间距,给指定区域填充相应的符号。

5.4.2　注记

地图上除了各种图形符号外,还有各种注记要素(包括文字注记和数字注记)。CASS系统提供了多种不同的注记方法,注记时可将汉字、字符、数字混合输入。

1. 使用屏幕菜单中的"文字注记"

无论是使用屏幕菜单中的哪种定位方法,均提供了"文字注记"功能。用鼠标选择屏幕菜单中的"文字注记"功能项,弹出对话框如图 5 – 21 所示。

图 5 – 21　文字注记对话框

在该对话框中已预先将一些常用的注记用字做成字块,当我们用到这些字时,可以直接在该对话框中选取,可方便地将常用字注记到鼠标指定的位置。如果要注记的文字在常用字中没有提供时,可以用"注记文字"和"批量(写)文字"的功能按命令行提示(输入注记位置、注记大小、注记内容)进行注记。在注记文字之前,可以先按要求选择字体、字型,然后再进行文字注记。"变换字体"可以改变当前默认字体,按图示的要求进行注记,如水系用斜体字注记。点击"变换字体",屏幕显示如图 5 – 22 所示,提供 15 种字体供选用。

在图 5 – 21 对话框中还可以用来注记屏幕上任意点的测量坐标(如房角点、围墙点等)和房屋的地坪标高。如在图 5 – 21 中选择"注记坐标",确定后系统在命令行提示:

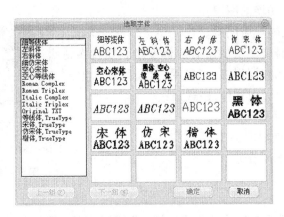

图 5 – 22　注记字体选取对话框

指定注记点:(可利用前面所讲的各种捕捉方式来指定待注记点)

注记位置:(用鼠标在注记点周围合适位置指定注记位置)

这样,系统将由注记点向注记位置引线,并在注记位置处注记出注记点的测量坐标。

2. 使用"工具"菜单下的"文字"

在"工具\文字"中有二级菜单,使用该菜单可满足注记文字、编辑文字等要求。其中"写文字"与屏幕菜单的"注记文字"操作基本相同,按提示进行注记;"编辑文字"是用于对已注记的文字进行修改。选择"编辑文字"功能项,系统在命令行窗口提示:

选择注释对象:

用鼠标选择需要编辑的文字。选择文字后系统显示编辑文字对话框,如图 5 – 23 所示。在文字编辑框内修改文字内容,如将"黑工程"改为"黑龙江工程学院",单击"确定"即可。利用此功能可以修改 CASS 9.0 图框文字。

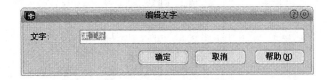

图 5 – 23　编辑文字对话框

在"工具\文字"对话框中,"炸碎文字"的功能是将文字炸碎成一个个独立的线实体;"文字消隐"的功能可以遮盖图形上穿过文字的实体,如穿高程注记的等高线;"批量写文字"的功能是在一个边框中放入文本段落。

5.4.3　实体属性的编辑修改

对于任何一个实体(对象)来说,都具有一些属性,如实体的位置、颜色、线型、图层、厚度以及是否拟合等。当我们赋予的实体属性信息错误时,就需要对实体属性进行编辑修改工作。

1. 对象特性管理

该项功能可以管理图形实体在 AutoCAD 中的所有属性。点击"编辑"菜单中的"对象特性管理"，系统弹出对象特性管理器，如图 5 − 24 所示。在以表格方式出现的窗口中，提供了更多可供编辑的对象特性。选择单个对象时，对象特性管理器将列出该对象全部特性；选择了多个对象时，对象特性管理器将显示所选择的多个对象的共有特性；未选择对象时，对象特性管理器将显示整个图形的特性。双击对象特性管理器中的特性栏，将依次出现该特性所有可能的取值。修改所选对象特性时可用如下方式：输入一个新值；从下拉列表中选择一个值；用"拾取"按钮改变点的坐标值。在对象特性管理器中，特性可以按类别排列，也可按字母顺序排列。对象特性管理器还提供了"快速选择"按钮，可以方便地建立供编辑用的选择集。

图 5 − 24　对象特性管理对话框

2. 图元编辑

该项功能是对直线、复合线、弧、圆、文字、点等实体进行编辑，修改它们的颜色、线型、图层、厚度及拟合等。

执行"编辑\图元编辑"命令，命令行提示：

选择对象(Select one object to modify)：

用鼠标选取对象(如房屋)后，弹出如图 5 − 25 所示对话框。需要注意的是，不同的实体相应有不同的对话框，留意其中的内容，按需要选择合适的项目进行修改。

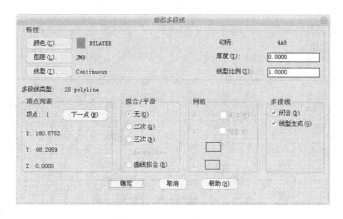

图 5 − 25　图元编辑对话框

3. 修改

该选项可以分别完成对实体的颜色和实体属性(如图层、线型、厚度等)的修改，其功能和"图元编辑"功能完全相同，所不同的是"图元编辑"是采用对话框操作，而"修改"是根据命令行提示一步一步键入修改值进行修改。

在图形数据最终进入 GIS 系统的形势下，对于实体本身的一些属性还必须作一些更多更具体的描述和说明。可以通过"实体附加属性"功能项，根据实际的需要进行设置和添加实体附加属性。

4. 实体附加属性

为适应当前 GIS 系统对基础空间数据的需要，CASS 9.0 全面提供面向 GIS 建库的数据解决方案。CASS 9.0 系统的"检查入库"下拉菜单里提供了图形的各种检查及图形格式转换功能。这里仅就实体属性的编辑设置作简单介绍。

(1)地物属性结构设置

打开下拉菜单"检查入库\地物属性结构设置"，即弹出如图 5 – 26 所示对话框。对话框左边的树状图中，Tables 根目录底下的名称是符号(地物、地籍)所属图层名，对应到数据库中，就是该数据库的表名。要添加或删除数据表，可以在树状图的任意位置单击右键，在弹出的"添加\删除"选项选择菜单，执行相应操作。在对话框中部的下拉框中选择地物类型，选取具体的地物添加到当前层中，表名当 DWG 文件转出成 SHP 文件时，该地物就放在当前层上了。对话框右下角为"表结构设置"，可以对当前的表进行相应的修改。

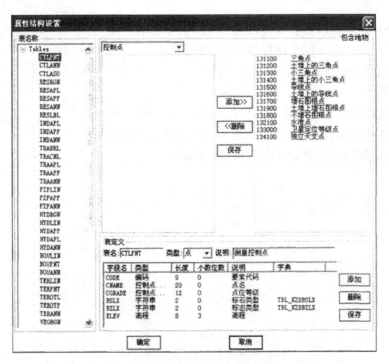

图 5 – 26　属性结构设置对话框

(2)编辑实体附加属性

此选项的功能是给被赋予了属性表的地物实体添加属性内容。单击下拉菜单"检查入库\编辑实体附加属性"菜单项，屏幕窗口左侧即弹出实体属性编辑窗口。选中需要赋予附加属性内容的实体，在窗口中填写相应属性即可。

(3)复制实体附加属性

此选项的功能是把实体的属性信息复制给同类实体。左键单击"检查入库\复制实体附加属性"，命令行提示"选择被复制的实体"，选择后，提示"选择对象"，再选择要被赋予该属性内容的实体即可。

5.4.4　图块的制作及使用

在 CASS 系统中绘制地图时,常常要把一幅图或一幅图的某一部分以图块的形式保存起来,以便以后需要时可以把它插入到所需地方。另外,为了实现相邻图幅之间的拼接,常常把一幅图作为主图,把其他图做成"块",然后利用插入"块"的方法实现。因此,图块的制作及其使用是 CASS 系统中极其重要的一部分。

1. 制作图块

其功能是把一幅图或一幅图的某一部分以图块的形式保存起来,操作时,在"工具"菜单下选择"制作图块"功能项,弹出如图 5 – 27 所示对话框。在对话框的"文件名"栏中输入制作图块的文件名(也可以选取),拾取"对象",指定"基点",单击"确定"即可。若事先没有选定对象,确定后系统显示"必须选择对象……"。用鼠标选择要加入图块的图形实体,选择完毕后按回车键确认,即可完成该图块的制作。

图 5 – 27　图块制作对话框

需要注意的是,图块的插入基点也就是在图形中插入图块时图块的定位点。当制作一般的图块时,可根据需要合理选择图块基点;但利用图块实现图幅拼接时,一定要用相同坐标的原点(如(0,0))作为图块的插入基点,才能保证图幅的正确拼接。

2. 插入图块

"插入图块"命令可以把先前绘制好的图块或图形文件插入到当前图形中来。操作时,执行"工具\插入图块"命令,弹出"插入"对话框如图 5 – 28 所示。输入准备插入的图块名,根据需要确定插入的基点坐标和 X,Y,Z 三方向上的比例系数,选择图块插入后是否炸开图块(分解),最后单击"确定"即可。

5.4.5　图层管理

图层是 AutoCAD 中用户组织图形的最有效工具之一。用户可以利用图层来组织自己的图形或利用图层的特性,如不同的颜色、线型和线宽来区分不同的对象。执行"编辑\图

图 5 - 28　图块插入对话框

层控制"下各子菜单,可以对图层进行创建、删除、锁定或解锁、冻结或解冻,还可设置打印样式。利用此菜单,用户完全可以方便、快捷地设置图层的特性及控制图层的状态。

介绍图层控制子菜单前,先解释几个图层控制专有常用开关。

打开或关闭:用于控制图层的可见性。当关掉某一层后,该层上所有对象不会在屏幕上显示,也不会被输出。但它仍存在于图形中,只是不可见。在刷新图形时,还是会计算它们的。

解冻或冻结:用户可以冻结一个图层而不用关闭它,被冻结的图层也不可见。冻结与关闭的区别在于在系统刷新时,简单关闭掉的图层在系统刷新时仍会刷新,而冻结后的图层在屏幕刷新期间将不被考虑。但以后解冻时,屏幕会自动刷新。

锁定或解锁:已锁定的图层上的对象仍然可见,但不能用修改命令来编辑。当已锁定的图层被设置为当前层后,仍可在该图层上绘制对象、改变线型和颜色、冻结它们及使用对象捕捉模式。

下面介绍图层控制部分子菜单。

1. 图层设定

左键单击本菜单后,弹出图层特性管理器对话框,如图 5 - 29 所示。这里是图层控制大本营,可根据直观的界面提示对图层进行各种设置。

2. 冻结 ASSIST 层

冻结 CASS 的 ASSIST(骨架线)层,该操作通常是在要进行绘图打印时用到。

3. 打开 ASSIST 层

解冻 ASSIST(骨架线)层是上一操作的逆操作。

4. 实体层转换到目标实体层

将所选实体的图层转换为目标实体的图层。左键单击本菜单后,提示:

Select objects:

用光标(此时变成一个小框)选择待转换的实体。

Select objects:

继续选取,直接回车则结束选取。

Select object on destination layer or[type – it]:

用光标选择目标实体或手工键入目标图层名。

图 5 - 29　图层特性管理器对话框

5. 实体层转换到当前图层

转换实体图层,与上一菜单操作过程相似。不同的是上一菜单中,所选实体层向所选目标层转换,而在本菜单中,所选实体图层转换到当前图层来。

6. 仅留实体所在层

左键单击本菜单后,用光标选取实体后回车,则系统将关闭所有除所选实体图层外的图层。

5.4.6　数据处理

1. 坐标换带

此项功能是实现大地坐标与高斯平面坐标的坐标转换或图形转换。单击"数据\坐标换带",弹出如图 5 - 30 所示对话框。进行单点转换时,需输入原坐标;进行批量转换时,需选择原坐标文件,并创建或选择目标坐标输出文件。

2. 坐标转换

此项功能是将图形或数据从一个坐标系转到另外一个坐标系,只限于平面直角坐标系,且只是对图形或数据进行一个平移、旋转、拉伸,而不是坐标的换带计算。执行"地物编辑\坐标转换"命令后,系统会弹出如图 5 - 31 所示对话框。用户拾取两个或两个以上公共点就可以进行转换。

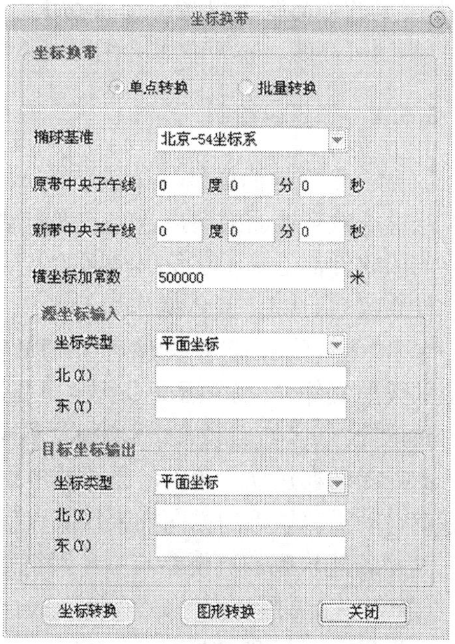

3. 测站改正

如果用户在外业不慎搞错了测站点或定向

图 5 - 30　坐标换带对话框

点,或者在测控制前先测碎部,可以应用此功能进行测站改正,以实现坐标的平移与旋转。

执行"地物编辑\测站改正"命令后,按命令区提示操作:

请指定纠正前第一点:输入或拾取改正前测站点,也可以是某已知正确位置的特征点,如房角点。

请指定纠正前第二点方向:输入或拾取改正前定向点,也可以是另一已知正确位置的特征点。

请指定纠正后第一点:输入或拾取测站点或特征点的正确位置。

请指定纠正后第二点方向:输入或拾取定向点或特征点的正确位置。

图 5 – 31　坐标转换对话框

请选择要纠正的图形实体:用鼠标选择图形实体。

系统将自动对选中的图形实体作旋转平移,使其调整到正确位置,之后系统提示输入需要调整和调整后的数据文件名,可自动改正坐标数据,如不想改正,按"Esc"键即可。

5.5　等高线绘制与编辑

地形图要完整地表示地表形状,除了要准确绘制地物外,还要准确地表示出地貌起伏。在地形图中,地形起伏通常是用等高线来表示的。常规的平板测图中,等高线由手工描绘,虽然等高线可以描绘得比较光滑,但精度较低。而在数字测图系统中,等高线由计算机自动绘制,生成的等高线不仅光滑而且精度较高。数字地形图绘制,通常在绘制平面图的基础上,再绘制等高线。本节着重介绍等高线的绘制。

5.5.1　等高线绘制

1. 建立数字地面模型

这里的数字地面模型指数字高程模型(在数字测图中习惯上将 DEM 叫做 DTM)。野外数字测图软件都是基于三角形格网的 DTM,绘制等高线之前通常要利用野外采集的坐标数据文件来建立 DTM。具体操作如下:

单击"等高线\由数据文件建立 DTM"命令,在弹出的"输入数据文件名"对话框中输入相应的数据文件名,确定后命令行窗口提示:

请选择:1. 不考虑坎高 2. 考虑坎高 <1> :回车。

此处提问在建立三角网时是否要考虑坎高因素。如果要考虑坎高因素,则在建立 DTM 前系统自动沿着坎毛的方向插入坎底点(坎底点的高程等于坎顶线上已知点的高程减去坎高),这样新建坎底的点便参与三角网组网的计算。因此在建立 DTM 之前必须要先将野外的点位展出来,再用捕捉"节点"或"最近点"方式将陡坎绘制出来,然后还要赋予陡坎各点坎高。选择后命令行窗口提示:

请选择地性线:(地性线应过已测点,如不选则直接回车)。

Select objects：回车（表示不选地性线）。

地性线是过已测点的复合线，如山脊线、山谷线。如有地性线，可用鼠标逐个点取地性线；如地性线很多，可专门新建一个图层放置，提示选择地性线时选定测区所有实体，再输入图层名将地性线挑出来。另外，系统默认陡坎骨架线为地性线。绘制地形图一般要选择地性线。

请选择：1. 显示三角网 2. 不显示三角网 ＜1＞：回车。

命令行提示生成的三角形个数，生成的三角网如图 5－32 所示。三角网如不在当前屏幕上，可用"平移"等功能移至图形编辑区。

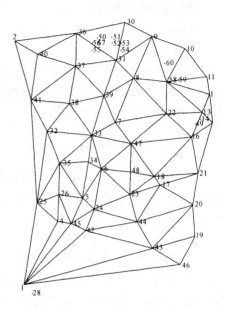

图 5－32　DTM 三角形

2. 修改三角网

由于现实地貌的多样性和复杂性，自动构成的 DTM 与实际地貌不太一致，如楼顶上的控制点参与建模、三角形边横穿地性线（建模时没有选地性线），这时可以通过修改三角网来修改这些局部不合理的地方。

（1）删除三角形。如果在某局部内没有等高线通过或三角形连接不合理，则可将其局部内相关的三角形删除。删除三角形时，可先将要删除三角形的局部放大，再选择"等高线\删除三角形"项，当命令行提示："Select object："时可用鼠标选择要删除的三角形，如果误删，可用"U"命令将误删的三角形恢复。

（2）过滤三角形。可根据需要输入符合三角形中最小角的度数或三角形中最大边长最多大于最小边长的倍数等条件，过滤掉部分形状特殊的三角形。另外，如果生成的等高线不光滑，也可以用此功能将不符合要求的三角形过滤掉再生成等高线。

（3）增加三角形。依照屏幕的提示在要增加三角形的地方用鼠标点取，如果点取的地方没有高程点，系统会提示输入高程。

（4）三角形内插点。在三角形中指定点，可将此点与相邻的三角形顶点相连构成三角形，同时原三角形会自动被删除。

（5）删除三角形顶点。此功能可将所有由该点生成的三角形删除。这个功能常用在发现某一点坐标错误时，要将它从三角网中剔除的情况下。

（6）重组三角形。指定两相邻三角形的公共边，系统自动将两三角形删除，并将两三角形的另两点连接起来构成两个新的三角形，这样做可以改变不合理的三角形连接。

修改完三角网后，执行"等高线\修改结果存盘"命令，把修改后的 DTM 存盘。否则修改无效。当命令行显示"存盘结束！"时，表示操作成功。

3. 绘制等高线

建立 DTM 后，便可绘制等高线了。单击"等高线\绘制等高线"项，系统在命令行的提示和操作为：

最小高程为×××米，最大高程为×××米。（系统从数据文件中自动搜索最小高程和最大高程。）

请输入等高距 ＜单位：米＞：（根据测图比例尺和现场的地貌起伏输入合理的等高距）

请选择:1. 不光滑 2. 张力样条拟合 3. 三次 B 样条拟合 4. SPLINE <1 >:

这里一般输入"3",用三次 B 样条拟合生成的等高线最光滑。也可根据需要采用其他拟合方法。

例如输入"3",回车。命令行显示:

正在绘图,请稍候!

……

绘等高线完成!

生成等高线后就不再需要三角网了,可用"删三角网"的命令将整个三角网全部删除。自动绘制的等高线如图 5-33 所示。

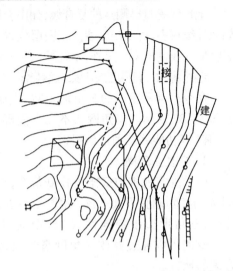

图 5-33　自动绘制的等高线

5.5.2　等高线编辑

绘完等高线后,常需要注记曲线高程,另外还需要切除穿过建筑物、双线路、陡坎、高程注记等的等高线。

1. 注记等高线

"等高线注记"命令有"单个高程注记""沿直线高程注记""单个示坡线""沿直线示坡线"4 个功能项。注记等高线之前,如果还没有展绘高程点,应先用"绘图处理\展高程点"命令按需要展绘高程点。另外,通常用标准工具栏中的"窗口缩放"功能,得到如图 5-34 所示的局部放大图,再执行"等高线\等高线注记"命令,注记等高线。如用"等高线\等高线注记\单个高程注记"的命令注记等高线,命令区提示与操作如下:

选择需注记的等高(深)线:移动鼠标至要注记高程的等高线位置,如图 5-34 之位置 A,按左键;

依法线方向指定相邻一条等高(深)线:移动鼠标至如图 5-34 之位置 B,按左键。等高线的高程值自动注记在等高线上,字头自动朝向高处。

2. 等高线修剪

执行"等高线\等高线修剪\切除穿建筑物等高线"命令,弹出如图 5-35 所示对话框,设定相关选项,单击确定后按输入的条件修剪等高线。

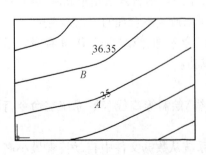

图 5-34　在等高线上注记高程

图 5-35　等高线修剪对话框

3. 切除指定二线间、指定区域等高线

按照制图规范,等高线不应穿过陡坎、建筑物等。执行"等高线\等高线修剪"下"切除指定二线间等高线"或"切除指定区域内等高线"命令,程序将自动切除指定等高线。应当注意,需要切除指定区域的等高线时,指定区域的封闭区域边界一定要是复合线。

4. 等值线滤波

此功能可在很大程度上给绘好等高线的图形文件减肥。执行此功能后,系统提示如下:

请输入滤波阈值: <0.5 米>

这个值越大,精简的程度就越大,但是会导致等高线失真(即变形),因此,可根据实际需要选择合适的值。一般选择系统默认的值。

5.6　数字地形图的整饰与输出

5.6.1　图形分幅与图幅整饰

1. 图形分幅

图形分幅前,首先应了解图形数据文件中的最小坐标和最大坐标。同时应注意 CASS 9.0 下信息栏显示的坐标前面的为 Y 坐标(东方向),后面的为 X 坐标(北方向)。

执行"绘图处理\批量分幅"命令,命令行提示:

请选择图幅尺寸:(1)50 * 50(2)50 * 40 <1> 按要求选择。此处直接回车默认选1。

请输入分幅图目录名:输入分幅图存放的目录名,回车。如输入 d:\cxg\dlgs\。

输入测区一角:在图形左下角点击左键。

输入测区另一角:在图形右上角点击左键。

这样在所设目录下就产生了各个分幅图,自动以各个分幅图的左下角的东坐标和北坐标结合起来命名,如:"31.00 - 53.00""31.00 - 53.50"等。如果要求输入分幅图目录名时直接回车,则各个分幅图自动保存在安装了 CASS 9.0 的驱动器的根目录下。

2. 图幅整饰

先把图形分幅时所保存的图形打开,并执行"文件\加入 CASS 环境"命令。然后选择"绘图处理\标准图幅"项,显示如图 5 - 36 所示的对话框。输入图幅的名字、邻近图名、测量员、绘图员、检查员,在左下角坐标的"东""北"栏内输入相应坐标,例如此处输入"53000""31000"(最好拾取)。在"删除图框外实体"前打钩则可删除图框外实体,按实际要求选择。最后用鼠标单击"确定"按钮即可得到加上标准图框的分幅地形图。

图廓外的单位名称、成图时间、执行图式和坐标系、高程基准等可以在加框前定制,即在"CASS 参数设置\图框设置"对话框中根据实际情况填写单位名称、成图日期、坐标系等,定制符合实际的统一的图

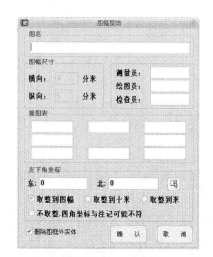

图 5 - 36　图幅整饰对话框

框。也可以直接打开图框文件,如打开"CASS90\BLOCKS\AC50TK. DWG"文件,利用"工

具"菜单的"文字"项的"写文字""编辑文字"等功能,根据实际情况编辑修改图框图形中的文字,不改名存盘,即可得到满足需要的图框。

5.6.2　绘图输出

地形图绘制完成后,可用绘图仪、打印机等设备输出。执行"文件\绘图输出",在二级菜单里可完成相关打印设置,并打印出图,详细内容参阅《CASS 9.0 参考手册》及《CASS 9.0 用户手册》。

第6章 地图数字化

6.1 地图数字化概述

6.1.1 地图数字化概念

数字地形图除了可以采用野外地面数字测图方法获得外,也可利用已有的纸质(或聚酯薄膜)地形图通过数字化方法获得。目前,在国土、规划、交通、勘察及建设等各部门还拥有大量的各种比例尺的纸质地形图,这些都是非常宝贵的基础地理信息资料。为了充分利用这些资源,在实际中生产,需要将大量的纸质地形图通过图形数字化仪或扫描仪等设备输入到计算机中去,再用专用软件进行处理和编辑,将其转换成计算机能存储和处理的数字地形图,这一过程称为纸质地形图的数字化,简称地图数字化,亦称作原图数字化。

地图数字化的实质就是将图形转化为数据。由纸质图向数字化图的转换精度取决于原图的变形误差、数字化过程中的拾取误差、数字化的设备精度、数字化软件等多个方面。因此,通过地形图数字化得到的数字地形图,其地形要素的位置精度不会高于原地形图的精度。目前,常用的地形图数字化方法有手扶跟踪数字化法和扫描屏幕数字化法两种。

手扶跟踪数字化是利用数字化仪和相应的图形处理软件进行的,其数字化的大致过程是:首先将数字化板与计算机正确连接,把准备数字化的地图(即工作底图)放置于数字仪板上并固定,用手持定标器(鼠标)对地形图进行定向,然后跟踪图上的每一个地形特征点,用数字化仪和相应的数字化软件在图上进行数据采集,经软件编辑后获得最终的矢量化数据,即数字化地形图。

手扶跟踪数字化方法对复杂地图的处理较为麻烦,且对不规则曲线如等高线只能采用取点模拟的方法,耗时多、效率低,其精度取决于工作底图上地形要素的宽度、复杂程度、数字化仪器的性能(主要是分辨率)、作业人员的工作态度与熟练程度等因素。因此,手扶跟踪数字化方法适用于地图包含信息不太复杂的情况。

地图扫描屏幕数字化方法也称扫描矢量化,其数字化过程实质上是一个解译栅格图像并用矢量元素替代的过程。首先,使用具有适当分辨率的扫描仪及扫描图像处理软件,将工作底图扫描。地图经扫描后,形成以一定的分辨率按行和列规则排列的栅格矩阵,每个栅格称为一个像元或像素,每个像元可用不同的灰度值来表示,灰度值可以是黑、白二值模式,也可以是不同的彩色值,这种以像元灰度值组成的矩阵形式的数据称为栅格数据,相应的图像称为栅格图像。栅格图像中的各像元之间彼此没有任何逻辑上的关系,各像元以镶嵌的形式在计算机屏幕上显示,对栅格图像而言,图像的放大或缩小会使图像信息产生失真,尤其是放大时,图像目标的边界会发生阶梯效应。因此,需要用专用扫描图像处理软件对其进行诸如点处理、区处理、帧处理、几何处理等加工,由此提高影像的质量;然后利用专用软件的矢量化功能,采用交互矢量化或自动矢量化的方式,对地形图的各类要素进行矢量化,并对矢量化结果进行编辑整理,存储在计算机中,最终获得矢量化数据,即数字化地形图。

地图扫描矢量化方法是目前地形图数字化处理的主要方法,与手扶跟踪数字化方法相比，它有作业速度快、精度高等优点。故本章重点介绍地图扫描矢量化的原理与方法。

地图数字化的主要内容包括地图定向(或图像纠正)和图形数字化(或图像矢量化)。

6.1.2 地图定向

利用手扶跟踪数字化仪进行地图数字化时，数字化仪输入到计算机的坐标属于数字化仪坐标系坐标，计算机要将该坐标换算成野外测绘该地图时的坐标系坐标(如 54 北京坐标系)，就必须确定两个坐标系之间的转换参数。

在地图扫描屏幕数字化方法中，地图扫描后成为以像元坐标行和列表示的栅格数据，将其矢量化，也就是建立栅格数据行列与矢量数据坐标之间的对应关系，对应关系的建立也必须事先确定它们之间的变换参数。

确定坐标间的变换参数，其实质就是地图定向或栅格图像纠正。此处所说的定向或纠正一般包括坐标的平移、旋转和尺度缩放，而不是单纯的定向。根据纸质图或扫描栅格图像的变形程度，变换参数可以通过赫尔默特变换、仿射变换、双线性变换、二次变换甚至三次变换求定。

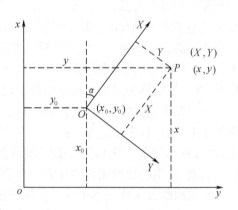

图 6 - 1　地图坐标系与数字化
仪坐标系的关系

1. 赫尔默特变换

如图 6 - 1 所示，设 XOY 为地图坐标系，xoy 为数字化仪坐标系(或屏幕坐标系)，两坐标系坐标轴之间的夹角为 α。地图左下图廓点 O 的地图坐标为 (X_0, Y_0)，相应的数字化仪坐标为 (x_0, y_0)。地图上任一点 P 的地图坐标为 (X, Y)，相应的数字化仪坐标为 (x, y)。显然，P 点的地图坐标和数字化仪坐标之间存在如下关系，即

$$\left.\begin{array}{l} X - X_0 = \lambda(x - x_0)\cos\alpha + \lambda(y - y_0)\sin\alpha \\ Y - Y_0 = \lambda(x_0 - x)\sin\alpha + \lambda(y - y_0)\cos\alpha \end{array}\right\} \qquad (6-1)$$

式中，λ 为尺度因子。

令 $a = \lambda\cos\alpha, b = \lambda\sin a, c_1 = -(ax_0 + by_0) + X_0, c_2 = bx_0 - ay_0 + Y_0$ 则

$$\left.\begin{array}{l} X = ax + by + c_1 \\ Y = -bx + ay + c_2 \end{array}\right\} \qquad (6-2)$$

式(6-2)就是计算地图坐标系和数字化仪坐标系之间变换参数的数学模型。a, b, c_1, c_2 为 4 个变换参数。

从理论上讲，只需两个定向点根据式(6-2)列出 4 个方程式即可求出这 4 个变换参数。但在实际作业中，为了提高地图定向的可靠性和精度，一般均要求用两个以上的定向点来进行地图定向，当有 n 个定向点时，对每个定向点均可列出一对误差方程式，即

$$\left.\begin{array}{l} v_{X_i} = ax_i + by_i + c_1 - X_i \\ v_{Y_i} = -bx_i + ay_i + c_2 - Y_i \end{array}\right\} \qquad (6-3)$$

式中，(X_i, Y_i) 为第 i 个定向点的地图坐标，(x_i, y_i) 为第 i 个定向点的数字化仪坐标，v_{X_i} 和 v_{Y_i} 分别为第 i 个定向点 X 和 Y 坐标的改正数，$i \in [1, n]$。根据式(6-3)按间接平差原理，即可

求出各变换参数。

定向点必须是已知地图坐标的点,通常选取地图上的图廓点、控制点和方格网线交叉点作为定向点。为了提高变换参数的解算精度,要求定向点的分布要均匀,并能覆盖整个图幅范围。在实际作业中一般选取 4 个图廓点作为定向点。经过地图定向,计算出变换参数后,即可将地图数字化过程中采集的所有点的数字化仪坐标按式(6 - 2)转换为相应的地图坐标。

需要指出的是,地图定向点的量测精度直接影响着变换参数的解算精度,从而影响地图数据采集结果的精度,因此,在采集定向点坐标时,必须用数字化仪鼠标上的十字丝精确对准各定向点。

赫尔默特变换方法顾及了坐标轴的平移、旋转和尺度缩放系数,可以在进行坐标系变换的同时克服地图图纸或栅格图像的均匀变形。

2. 仿射变换

与赫尔默特变换相比,仿射变换还顾及了地图或图像在 X 和 Y 两个方向上伸缩变形不一致的因素,其数学模型为

$$\left.\begin{array}{l} X = a_1 x + b_1 y + c_1 \\ Y = a_2 x + b_2 y + c_2 \end{array}\right\} \tag{6 - 4}$$

式中,(X,Y) 为地图坐标,(x,y) 为相应的数字化仪坐标,a_1,b_1,c_1,a_2,b_2,c_2 为 6 个变换参数。

仿射变换模型至少需要用 3 个定向点根据式(6 - 4)列出 6 个方程式以解算这 6 个变换参数。考虑到地图定向的可靠性和精度,一般均采用 3 个以上的定向点来计算仿射变换参数。当有 n 个定向点时,对各定向点均可列出一对误差方程式,即

$$\left.\begin{array}{l} v_{X_i} = a_1 x_i + b_1 y_i + c_1 - X_i \\ v_{Y_i} = a_2 x_i + b_2 y_i + c_2 - Y_i \end{array}\right\} \tag{6 - 5}$$

按间接平差原理,即可求出 a_1,b_1,c_1,a_2,b_2,c_2 这 6 个变换参数。

实际作业中,一般选择地图的 4 个图廓点作为仿射变换的定向点,仿射变换在进行坐标转换的同时,可分别纠正地图图纸在 X 和 Y 方向的均匀变形,且允许 X 和 Y 方向的伸缩系数不一样。

3. 双线性变换

与赫尔默特变换和仿射变换相比,双线性变换还考虑了地图图纸的不均匀变形,其数学模型为

$$\left.\begin{array}{l} X = a_{11} + a_{12} x + a_{13} y + a_{14} xy \\ Y = a_{21} + a_{22} x + a_{23} y + a_{24} xy \end{array}\right\} \tag{6 - 6}$$

式中,X,Y,x,y 的意义同前,$a_{11},a_{12},a_{13},a_{14},a_{21},a_{22},a_{23},a_{24}$ 为 8 个变换参数。

双线性变换模型中有 8 个变换参数,因此,至少需要 4 个定向点按式(6 - 6)列出 8 个方程式来解算这 8 个变换参数。实际应用中,一般选取 4 个图廓点和若干方里网线交叉点作为双线性变换的定向点。

4. 二次变换

当地图图纸的变形不均匀时,还可以采用二次曲线方程,称为二次变换,其数学模型为

$$X = a_0 + a_1 x + a_2 y + a_3 x^2 + a_4 xy + a_5 y^2$$
$$Y = b_0 + b_1 x + b_2 y + b_3 x^2 + b_4 xy + b_5 y^2$$

$$(6-7)$$

式中,X,Y,x,y 的意义同前,$a_0,a_1,a_2,a_3,a_4,a_5,b_0,b_1,b_2,b_3,b_4,b_5$ 是 12 个变换参数。

二次变换是较常用的处理非线性变形的变换模型,它至少需要 6 个定向点才能求出待定系数。一般是选取 4 个图廓点和若干个方里网线交叉点。当选取的定向点多于 6 个点时,按间接平差原理解算 12 个变换参数。

6.1.3　手扶跟踪数字化方法简介

顾名思义,手扶跟踪数字化就是用手扶着数字化仪的定标器,利用定标器的十字丝交点,跟踪固定于数字化平板上的地图图形,对其图形的特征点逐一数字化,得到这些点的数字化仪坐标数据,然后通过计算机将图解的数字化仪坐标数据直接转换成矢量格式的数字地形图。手扶跟踪数字化方法通常有以下几个步骤。

1. 地图定向

将准备好欲数字化的地形图与图板固定,并将数字化仪与计算机通过 RS–232C 标准串行线连接起来后,就可进行地图定向,亦称地图定位。按定向点的类型可分为图廓点定位和控制点定位两种方式。在实际作业时,一般首选四个内图廓点作为定向点进行图纸定位,四个内图廓点的地形图坐标,可在地形图上直接读取。若采用控制点定位,应首先确定好控制点的图上点位,然后输入对应的控制点坐标。

2. 菜单定位

地形图数字化除需要给出地形图要素的地形图坐标外,还必须输入相应地形图要素类别。这些地形图要素类别是用规定的代码来表示的。代码输入方法通常采用菜单输入。菜单又称代码清单,它是一张栅格表,表中各方格用图形或文字表明了各种地形图符号和图形处理功能,每一符号或功能通过软件与其代码相对应,不同软件对菜单项的各方格功能定义也有所区别,图 6–2 所示是 CASS 软件数字化仪图板菜单的部分图标。

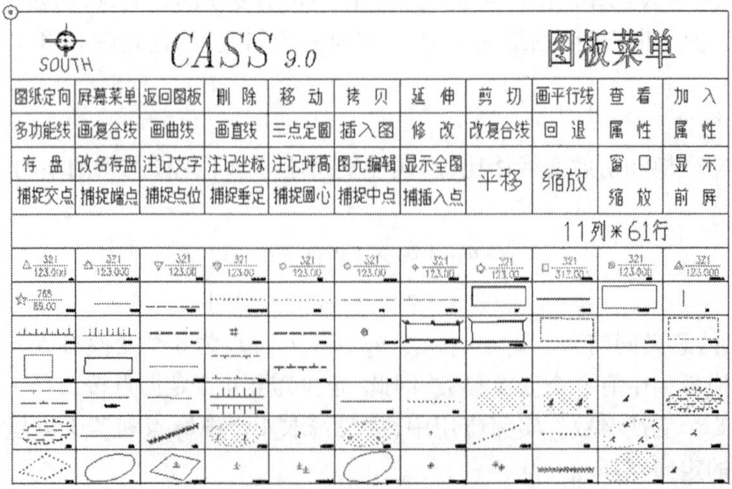

图 6–2　数字化仪图板菜单的一部分

图板菜单在使用前,需先进行定位,一般将其定位在地形图的右边。菜单定位的定向点一般取菜单的左上、左下和右下三点,以菜单的长度和宽度作为定向点在菜单坐标系中的坐标。

图板菜单定位完成后,菜单区内某一位置的行号和列号就可以用数字化仪坐标换算出来。在数字化软件中,每一行号和列号都已和方格所对应的代码或程序功能联系起来。因此,只要在数字化地形图要素时,将数字化仪定标器移到菜单区相应的地形图符号的小方格内,就把该地形图要素的代码和图形的坐标(几何位置)连在一起,形成一个规定格式的数据串存储在计算机内。操作菜单除用于输入图形要素代码外,还可以输入程序执行命令,进行数字化数据的处理和屏幕图形的编辑,作为人机交互系统中的一个输入设备。

3. 地形图数字化

当图纸定位和图板菜单定位完成后,即可开始对地形图进行数字化。对于一幅地形图,通常按照地形图要素分类分层进行数字化,这和外业测图中的跑点顺序不同。首先,将数字化仪定标器十字丝对准图形的特征点逐一数字化,得到这些点相应的坐标数据,然后移动定标器到菜单区,对准刚刚数字化图形的地形图符号所在的小方格,按下定标器,便可以自动记录下该要素的代码,并与图形的坐标保存在一起。该地形图符号数字化完成后,依次进行其他地形图符号的数字化,直到本幅图全部地形图符号数字化完毕。在数字化的过程中,计算机屏幕或图形显示器同时显示已数字化的图形或相应地形图符号。

地形图数字化采用点方式工作。为了保证采集的点位数据的正确性,必须熟练掌握地物符号的定位点和定位线的基本知识,知道各地物符号的定位点和定位线在地物中的位置。手扶跟踪数字化方法由于存在操作不便、劳动强度大、效率低等缺点,现在已很少使用该方法。目前的地图数字化主要采用扫描屏幕矢量化方法。

6.2　地图扫描屏幕矢量化方法

地图扫描屏幕矢量化,是先将图纸通过扫描仪录入计算机,生成按一定分辨率并按行和列规则划分的栅格数据,其栅格数据的文件格式有 JPEG,TIF,BMP,PCX,GIF,TGA 等;然后应用扫描矢量化软件,采用人机交互与自动化跟踪相结合的方法来完成地形图的矢量化。因其工作都是在屏幕上完成的,故又称为地形图扫描屏幕矢量化。矢量化方法有两种:一种是用鼠标对栅格图像逐一描绘,得到一个以 * . dwg 为后缀的图形文件,该方法的工作量与手扶跟踪数字化相当;当需要数字化的图纸比较多时,最好使用专用的扫描矢量化软件结合人工干预对栅格图像进行矢量化。目前的扫描矢量化软件都有自动识别和自动跟踪功能,能大大地提高矢量化作业效率,是地图数字化成图的主要方法。

6.2.1　地图扫描矢量化工作步骤

扫描矢量化过程实质上是一个解译栅格图像并用矢量元素替代的过程。扫描矢量化的作业流程可用如图 6 - 3 所示的框图来表示。

1. 原始栅格文件的预处理

地形图扫描后,由于原图纸的各种误差和扫描本身的原因,扫描提供的是有误差甚至有错误的栅格结构。因此,扫描地形图工作底图得到的原始栅格文件必须进行多项处理后才能完成矢量化。对原始栅格文件的预处理实际上是对原始栅格文件进行修正,经修正最后

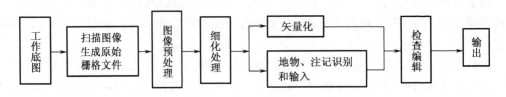

图 6 - 3   扫描矢量化的作业流程

得到正式栅格文件,以格式 TIFF,PCX,BMP 存储。预处理的内容包括以下几方面。

(1)采用消声和边缘平滑技术除去原始栅格文件中因工作底图图面不洁、线条不光滑及扫描仪分辨率等的影响带来的图像线划带有的黑斑、孔洞、毛刺、凹陷等噪声,减小这些因素对后续细化工作的影响和防止图像失真。

(2)对原始栅格图像进行图幅定位坐标纠正,修正图纸坐标的偏差;由于数字化图最终采用的坐标系是测量原地形图时采用的坐标系统,因此还要进行图幅定向,将扫描后形成的栅格图像坐标转换到原地形图坐标系中。

(3)进行图层、图层颜色设置及地物编码处理,以方便矢量化地形图的后续应用。

2. 正式栅格文件的细化处理

细化处理过程是在正式栅格数据中,寻找扫描图像线条的中心线的过程,衡量细化量的指标有细化处理所需内存容量、处理精度、细化畸变、处理速度等。细化处理是要保证图像中的线段连通性,但由于原图和扫描的原因,在图像上总会存在一些毛刺和断点,因此要进行必要的毛刺剔除和人工补断,细化的结果应为原样条的中心线。

3. 地图矢量化

矢量化是在细化处理的基础上,将栅格图像转换为矢量图像。在栅格矢量化的过程中,大部分线段的矢量化过程可实现自动跟踪,而对一些如重叠、交叉、文字符号、注记等较复杂的线段,全自动矢量跟踪较为困难,此时应采用人机交互与自动化跟踪相结合的方法进行矢量化。

(1)线段自动跟踪矢量化

其步骤为:

①指定线段的起点,记录其坐标;

②以起点为中心,沿顺时针方向按上、右上、右、右下、下、左下、左、左上 8 个方向的像素,搜索下一个未跟踪过的点,搜寻到后即记录其坐标,若未搜寻到点则退出;

③以新找到的点作为新的判别中心,重复上一步的操作;按此循环,追踪到线段的另一端点,此时线段上的所有点都被自动跟踪出来,结束跟踪。对于封闭曲线的跟踪,方法与线段跟踪相同,只是跟踪的终点坐标就是起点坐标。

在线段跟踪过程中,当遇到线段的断点或交叉点时,自动跟踪停止;此时若要跟踪进行下去,就必须采用人工干预与自动化跟踪相结合的方法,在人工干预跨过断点或指定跟踪方向后继续完成后面的跟踪。

(2)人机交互方式矢量化

大比例尺地形图的地物、地貌要素符号以单一线条表示的较少,多数符号是以各种线段或以规则图形表示的。在地形图矢量化时,不仅要进行图形矢量化,同时还要赋予如地物属性和等高线的高程等内容。对于大比例尺地形图,由于其自身的特点及满足建立大比例地形图数据库的要求,大部分地形要素栅格数据的矢量化都是采用人机交互方式矢量化来完成的。人机交互方式矢量化方法是在计算机屏幕上显示扫描图,将其适当放大后,根据所用软件的功能,用鼠标标志效仿地形图手扶跟踪数字化的方法进行矢量化。对于独立地物的定位点、线状地物中心线的特征点,以及面状地物轮廓线的特征点,在矢量化前或矢量化后要输入地形要素代码,对于等高线还应输入高程。由程序将矢量化的图像特征点的像元坐标转换成地形图坐标,生成相应的矢量图形文件,并在计算机屏幕上显示矢量化的符号图形。

地形图图形矢量化结束后,要对照原图进行注记符号的输入及适当的检查与编辑工作,以保证数字化地形图的质量,以便能顺利输出或转入到诸如 CAD,GIS 等应用软件中进行工程应用。

6.2.2　利用 CASS 软件扫描矢量化

南方公司的数字成图软件在 CASS 4.0 以后的版本中都增加了图像处理功能,利用 CASS 的"光栅图像"处理命令可以直接对光栅图像栅格数据进行图形的纠正,并利用屏幕菜单进行图像矢量化。其主要操作步骤如下。

1. 图像扫描

通常用黑白扫描仪扫描,扫描分辨率一般设置为 300 ~ 600 dpi,扫描图像文件格式一般为 TIFF,JPG,PCX 或 BMP 格式。

2. 插入光栅图像

执行"工具\光栅图像\插入图像"命令(如图 6 – 4),弹出"图像管理器"对话框;单击"附着"按钮,在弹出的"标准文件选择"对话框中,选择要数字化的光栅图像文件,单击"确定"按钮,然后按命令行提示将光栅图像插入到合适位置。

3. 裁剪光栅图像

执行"工具\光栅图像\图像剪裁"命令,根据命令行的提示,按需要进行裁剪,以减少屏幕的负载量和光栅图像的文件大小。

图 6 – 4　光栅图像处理命令

4. 加图框

一般根据原图比例尺大小在"绘图处理"下拉菜单中选定某一图幅规格,并在弹出的"图幅整饰"对话框中输入有关内容,单击"确定"按钮,完成加图框操作。

5. 设置光栅图像透明

光栅图像透明模式的默认设置是关闭的,此时在光栅图像后面的对象不可见,应执行"工具\光栅图像\图像透明度"命令,根据命令行的提示,输入图像透明模式。

6. 纠正光栅图像

使图像上的控制点(即定向点)位置与理论位置一致,一般选用内图廓点或已知点作为控制点。执行"工具\光栅图像\图像纠正"命令,在命令行提示"选取要纠正的图像"情况下,用鼠标点取扫描图像的最外框,此时弹出"图像纠正"对话框,如图 6 – 5 所示。在对话框的"纠正方法"列表中有"赫尔默特"(至少选择 2 组点)、"仿射变换"(至少选择 3 组点)、

"线性变换"(至少选择4组点)、"二次变换"(至少选择6组点)和"三次变换"(至少选择10组点)。可以根据图纸变形的情况选择一种适当的纠正方法。也可以用两种纠正方法纠正两次。对于聚酯薄膜底图扫描图,通常选择"线性变换"。

采集控制点方法:单击对话框"图面"一栏中"拾取"按钮,回到光栅图,命令行提示"选取控制点",根据需要用"平移""缩放"等命令局部放大光栅图像上的控制点后用鼠标点取;系统自动返回图像纠正对话框,此时点取的控制点的坐标值显示在"图面"右边的"东""北"坐标框内。

单击对话框"实际"一栏中"拾取"按钮(也可手工输入实际坐标),再次返回光栅图,命令行提示"指定纠正后实际位置",使用对象交点捕捉命令点取与所选"图面"控制点一致的实际位置,此时,点取的控制点坐标显示在"实际"右边的"东""北"坐标框内;系统又返回图像纠正对话框,在确定无误后单击"添加"按钮,将该组坐标添加到"已采集控制点"列表区。在采用鼠标拾取时,尤其要注意捕捉开关的合理应用。

依上述方法"拾取"输入各控制点后,其结果如图6-5所示。在选择图像纠正方法后,单击"纠正"按钮,CASS系统开始对光栅图像进行纠正,并用纠正后的光栅图像覆盖原光栅图像文件。查看光栅图像各格网点与图框格网点的重合情况,如果相差较大,则再选择"仿射变换"纠正方法进行二次纠正。如果希望保存原来的光栅图像文件,则在纠正之前应先作备份。

图6-5　图像纠正对话框

7. 交互矢量化

图像纠正完毕后,利用右侧的屏幕菜单,可以进行图像的矢量化工作。一般选择"坐标定位"屏幕菜单进行绘图,其操作方法与手扶跟踪数字化绘图方法类似。不同的是,手扶跟踪数字化是操作数字化仪的定标器在工作底图上采集点;扫描矢量化是操作鼠标在屏幕显示的光栅图像上采集点。将图像放大到合适位置,对于点状符号,要找到点状符号图像的中心位置;对于线形符号,要沿着图像线条灰度最大的地方进行矢量化;对于需要填充的区域,调用符号进行填充即可。图形矢量化后地物地貌符号变成图层对应的颜色,可以很容易知道哪些还没有进行矢量化。

当矢量化工作完成后,通过检查没有遗漏,即可选中图像的边缘,用"Erase"或"Delete"命令,将光栅图像删除。

南方公司的CASS测图软件并不是专用的地图扫描矢量化软件,没有自动跟踪矢量化功能,因此,也不能对栅格图像的线划进行细化等处理。但与手扶跟踪数字化仪相比,其效率和精度要高得多,不失为一种方便快捷进行人机交互矢量化的软件。

6.2.3　利用南方 CASSCAN 扫描矢量化

CASSCAN 是南方测绘仪器公司在 AutoCAD 上开发的扫描矢量化专用软件。其主要特点是直接在 AutoCAD 平台上运作,生成标准的 ∗.dwg 矢量图,同时提供了与各种 GIS 数据库进行数据交换的接口。能利用软件的自动识别和自动跟踪功能,方便快速地进行地形图矢量化。此软件的操作界面类似 CASS 操作界面:下拉菜单、工具条、屏幕菜单、命令区,如图 6 - 6 所示。

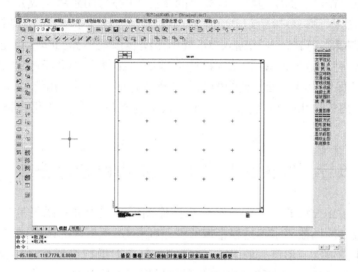

图 6 - 6　CASSCAN 扫描矢量化操作界面

使用 CASSCAN 扫描矢量化的准备工作与 CASS 扫描数字化的准备工作类似。矢量化的主要操作步骤有:①图像扫描;②设定比例尺;③插入矢量图框;④插入光栅图;⑤图像纠正;⑥配置绘图参数;⑦图像矢量化。

各操作步骤的内容、方法及对高程点、独立地物等的矢量化方法基本上与 CASS 矢量化方法相同,根据提示行并利用屏幕菜单功能进行操作。

对等高线、道路等线状地物则可用线跟踪功能进行自动矢量化。其中等高线的矢量化方法是:用鼠标单击屏幕菜单中的"地貌土质"菜单项,弹出"地貌和土质"图像菜单,在该菜单中选取"等高线首曲线"菜单项;在命令行的提示下输入欲矢量化等高线的高程值,用鼠标点取光栅图上等高线的中心,移动鼠标并对准光栅线上的下一点,此时屏幕上出现预跟踪的线段,在预跟踪线段出现时单击鼠标左键,此时,在栅格线上生成矢量线。由于自动跟踪是根据光栅图上像素的连接关系来完成的,所以,在工作时由于栅格的连接关系不理想使得跟踪工作要由人工来干预和控制。

当跟踪生成的矢量线有误或停止时,可以用命令行提示"锚点(P)\反向(R)\闭合(Q)\手工(M)\撤销(U)\回退到(G)\设置(T)\结束(X):<P>"中的"回退到(G)"功能实现任意位置的回退。操作方法是:在命令行提示"锚点(P)\反向(R)\闭合(Q)\手工(M)\撤销(U)\回退到(G)\设置(T)\结束(X):<P>"下输入"G"并回车,用鼠标在当前矢量线上点取希望回退到的位置,然后跟踪线的另一位置,跟踪的矢量线就会回退到指定的位置。

"反向(R)"功能可以将跟踪的方向切换为跟踪线的另一端,"手工(M)"功能可以将跟踪过程由自动状态切换为手动状态。

当一条栅格线跟踪完成时,在命令行上输入"X"并回车结束,一条"等高线首曲线"就跟踪完成了,跟踪的过程与加属性的过程在一个操作中完成。

进行房屋矢量化时,可以设定是否进行直角纠正。用鼠标点选屏幕菜单中的"绘图处理\房屋提取"菜单项,命令行提示"请输入房内一点",用鼠标在光栅图中点取房屋内部空白的地方,房屋的边缘出现矢量线。

进行面状地物矢量化时,先用鼠标点取屏幕菜单中的应填充的地物符号(如:稻田),再用鼠标依次点取光栅图上面状地物的地类界的转折点(亦可用跟踪生成),当地类界转折点被一一点取后,命令行提示:"锚点(P)\反向(R)\闭合(Q)\手工(M)\撤销(U)\回退到(G)\设置(T)\结束(X):<P>",输入"Q"并回车闭合该地类界,此时,在光栅图的地类界上生成了矢量线,并在命令行有如下提示"请选择:(1)保留边界(2)不保留边界<1>",此时回车默认"(1)保留边界",面状地物的地类界及填充符号(如:稻田符号)就自动生成了。

当一幅地形图矢量化结束后,将软件中生成的光栅图像和矢量化数据成果分别及时保存。

6.3　地图扫描矢量化方法的精度分析

地图扫描矢量化方法的主要误差来源包括原图固有误差和扫描矢量化方法产生的误差。前者主要包含原图数字采集过程带来的误差、制图过程带来的误差、图纸复制过程带来的误差及图纸本身伸缩变形产生的误差;后者主要包含图纸扫描误差、图幅定向误差、图像细化误差、矢量化误差等。下面仅对扫描矢量化过程产生的误差进行讨论。

6.3.1　图纸扫描误差

图纸扫描误差也称扫描仪响应误差,主要由扫描仪的性能参数、扫描对象的均匀度、原图中线的粗细、线画的密度、曲线复杂程度、图面洁净程度和处理扫描图的软件所决定。在图纸扫描误差中,扫描仪的几何分辨率误差是该项误差中的主要误差来源,要减小该误差,只有提高扫描仪的几何分辨率。但是当提高扫描仪分辨率时,栅格数据量将以平方级速度增加,数据处理时间也以平方级延长,这对计算机的配置提出了更高的要求,因此对扫描仪分辨率的提高必须加以限制。

当用分辨率为300 dpi的仪器扫描时,点间距离的相对精度为1.4/1 000左右。对全自动矢量化细化过程,由扫描仪扫描产生的点位误差为1~2个像素;对交互式跟踪矢量化而言,点位误差可以控制到1个像素。若按300 dpi计,每个像素相当于图上0.09 mm,一般取±0.1mm作为图纸扫描误差。

6.3.2　图幅定向误差

地图经扫描后得到的是一幅栅格图像,矢量化时要从栅格图像中对地图要素进行采集,首先得到的是采样点在图像坐标系中的测量坐标,需要将其转换成地图坐标系坐标,这项工作是通过图幅定向来完成的。这些用于计算转换系数的若干定向点(如内图廓点、已知控制点等)在地图坐标系中的坐标是已知的,在图像坐标系中的坐标是通过量测获得的。工作底图定向误差由定向点误差和采样点测量误差构成,定向点误差与扫描分辨率的大小成反比,提高扫描分辨率可减小该项误差的影响;采样点测量误差与点的量测精度有关,点的量测精度可以通过量测过程中的一种称为自动对中算法的方法提高,达到量测精度极限,此项误差可以忽略不计。

当用分辨率为 300 dpi 的扫描仪扫描大比例尺地形图时,其误差约为 0.1 mm,根据大量的实验结果分析,图幅定向误差一般取 ±0.12 mm。

6.3.3　图像细化误差

许多扫描数字化软件都能正确地获得线段的中心线,即使在线段交叉处变形也是很小的,细化误差产生的点位误差为 1 个像素。

按 300 dpi 计算,所产生的图上误差约为 0.09 mm,因此图像细化误差可取 ±0.1 mm。

6.3.4　矢量化误差

在跟踪矢量化过程中,一般采用变步长保精度跟踪矢量化法,用折线代替曲线所产生的最大点位误差约为 1 个像素。

用分辨率 300 dpi 计算所产生的图上误差约为 0.09 mm,可取矢量化误差为 ±0.1 mm。

6.3.5　地图扫描矢量化方法的精度估算

根据误差传播规律,地图扫描矢量化方法的综合精度可由式(6-8)计算,即

$$M_{扫} = \pm \sqrt{m_y^2 + m_d^2 + m_x^2 + m_s^2} \tag{6-8}$$

式中,m_y 为图纸扫描误差,m_d 为图幅定位误差,m_x 为图像细化误差,m_s 为矢量化误差。

根据上述分析,将各项误差的取值带入式(6-9)得

$$M_{扫} = \pm 0.21 \text{ mm} \tag{6-9}$$

上述计算是在扫描分辨率为 300 dpi 的情况下,对地图扫描矢量化方法作出的精度估算。

地图数字化完成后,需要对数字化成果进行必要的检查验收。检验一般是在每幅图中随机选取 20~50 个均匀分布的明显地物和地貌点,用野外实测法比较其平面点位及高程的精度。

第7章 数字地形图的应用和施工放样

在国民经济建设和国防建设中,各项工程建设在规划、设计和施工等阶段,都需要应用工程建设区域的地形图等相关基础资料,以便使工程建(构)筑物在规划、设计和施工中的平面、高程布置等工作更加符合建设区域的实际情况。而在这些基础资料中,地形图通常是一个必不可少的信息来源,它是制定规划、设计,进行工程建设的主要依据和重要的基础资料。

数字测图的基本成果通常是输出 dwg 文件格式的数字地形图。工程技术人员可以直接利用 AutoCAD 相应功能或者利用相关专业软件中的功能(如南方 CASS 软件中的"工程应用"部分),很方便地从数字地形图上查询点、线、面等地形图应用的基本信息。由数字地形图可以得到 DEM,它是数字地形图的重要成果,在测绘、水文、气象、地质、土壤、工程建设、通信、军事等国民经济和国防建设及人文和自然科学领域有着广泛的应用。在测绘中可用于绘制等高线、坡度、坡向图、立体透视图,制作正射影像、立体景观图、晕渲图、立体地形模型及地图的修测;在工程建设上,可用于如土石方计算、通视分析、日照分析、各种剖面图的绘制及线路的设计等;在防洪减灾方面,DEM 是进行水文分析如汇水分析、水系网络分析、降雨分析、蓄洪计算、淹没分析等的基础;它是地理信息系统的基础数据,可与其他专题数据叠加用于与地形相关的分析应用,如洪水险情预报,可用于土地利用现状的分析、合理规划等;在军事方面,DEM 也有重要的应用价值,例如巡航导弹的导航、无人驾驶或遥控飞行装置的控制、武器和传感器的发展计划、通信计划的制订、作战任务的计划等,都离不开 DEM 的支持。

利用数字地形图可以很方便地制作各种专题用图。如去掉高程部分,通过权属调查,加绘相应的地籍要素,经编辑处理即可生成数字地籍图,若加上房产信息可制作房产图,若加上地下管线信息可制作地下管线图等。随着计算机技术和数字化测绘技术的迅速发展及其向各个领域的渗透,数字地形图在国民经济建设、国防建设和科学研究的各个方面发挥着越来越大的作用。

7.1 数字地形图的基本应用

传统的纸质地形图在工程建设中的应用主要包括量测图上点的平面坐标和高程、量测(算)两点间的距离、量测(算)直线的坐标方位角、确定两点间的坡度、按一定方向绘制断面图、面积量算、土方量计算、按限制坡度选线等。

目前,用于数字成图的软件很多,大多数都具有在工程中应用的某些功能。有些功能是 CAD 平台本身已经具备的,而其他功能是通过二次开发实现的。本节以南方 CASS 数字化成图软件中工程应用部分为例,从基本几何要素的查询、土方量计算、断面图绘制和面积应用等方面介绍数字地形图在工程建设中的应用。

7.1.1　基本几何要素查询

在 CASS 9.0 的"工程应用"菜单中,提供了很多查询与计算功能。

1. 查询指定点的坐标与坐标标注

执行下拉菜单"工程应用/查询指定点坐标"命令或单击实用工具栏中的"查询坐标"按钮,用鼠标捕捉需要查询的点,在命令行或者鼠标十字标靶附近则显示测量坐标。也可以先进入点号定位方式,再输入要查询的点号。

在屏幕菜单"文字注记/坐标平高",选择注记坐标,则可以在所需位置将该点的坐标标注在图上。

直接利用 AutoCAD 的功能,在命令行输入 ID 或者在查询工具栏单击定位点按钮,也可以在命令行显示查询的点的坐标,不过需要注意的是 CAD 系统中直接显示的屏幕坐标 X,Y 对应于测量高斯平面坐标的 Y,X。在命令行输入 Dimordinate 或者在标注工具栏单击坐标标注按钮,也可以实现点的 X 或者 Y 的坐标标注。

2. 查询两点的距离和方位角

执行 CASS 下拉菜单"工程应用\查询两点距离及方位"命令或单击实用工具栏中的"查询距离和方位角"按钮,按提示用鼠标捕捉需要查询的两个点,在命令行则显示两点间距离和坐标方位角。也可以先进入点号定位方式,再输入两点的点号。

同样在 AutoCAD 中,直接利用系统本身功能,实现查询两点的距离和方位角,具体步骤如下:

(1)先进行 AutoCAD 系统图形单位设置,可在命令行输入 Units 命令,显示图 7 – 1(a),选择角度类型和精度,选择方位角按照顺时针定义方式;

(2)选择方位角起始方向(CAD 系统默认为笛卡儿坐标系),进行方向控制设置,如图 7 – 1(b)。选取"东(E) 0d0′",按确定后即可完成相应设置;

(3)在 AutoCAD 查询工具栏中单击查询距离按钮,或者在命令行输入 Dist 命令,实现与 CASS 软件中查询距离和方位角的类似功能。

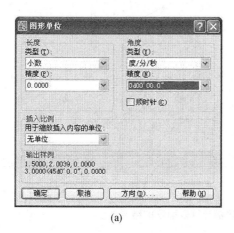

(a)　　　　　　　　　　　(b)

图 7 – 1　图形单位设置

3. 查询线长

执行下拉菜单"工程应用\查询线长"命令,用鼠标选择实体(直线或曲线),弹出提示框,给出查询的线长值。也可以直接利用 AutoCAD 系统本身功能来直接进行查询,在命令行键入 List,回车按命令行提示选择查询对象即可得该对象在空间的线长、表面积及拐点坐标等信息。或者直接点取"查询"工具栏上面的"列表" 按钮,进行相同操作即可。

4. 查询实体面积

执行下拉菜单"工程应用\查询实体面积"命令,按提示选取实体边线或点取实体内部任意位置,命令行显示实体面积,要注意实体应该是闭合的。或者在 AutoCAD 中点取"查询"工具栏上面的区域面积 按钮,根据命令行提示进行相应操作即可得到实体在空间的表面积和周长信息。

5. 计算对象的表面积

对于不规则地貌表面积的计算,系统通过 DTM 建模,在三维空间内将高程点连接为带坡度的三角形,再通过每个三角形面积累加得到整个范围内不规则地貌的面积计算矩形范围内地貌的表面积流程如下。

点击"工程应用\计算表面积\根据图上高程点"命令,命令区提示:

请选择:(1)根据坐标数据文件(2)根据图上高程点:回车选 2;

选择计算区域边界线 用拾取框选择图上的复合线边界;

请输入边界插值间隔(米):<20> 5 输入在边界上插点的密度;

表面积 =9222.330 平方米,详见 surface. log 文件。图 7 -2 为建模计算表面积的结果。

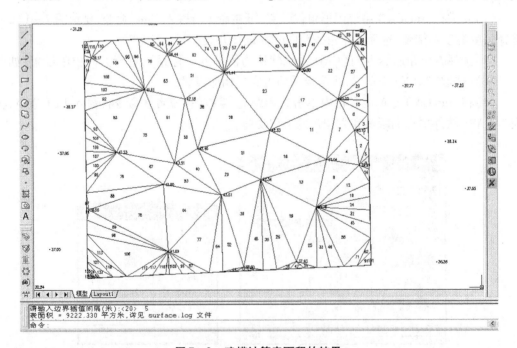

图 7 - 2　建模计算表面积的结果

7.1.2　土方量的计算

在"工程应用"下拉菜单中提供了 5 种土方量的相关计算方法,即 DTM 法土方计算、断面法土方计算、方格网法土方计算、等高线法土方计算、区域土方量平衡,其中按 DTM 法进行土方计算是目前较好的一种方法。

1. DTM 法土方计算

(1) DTM 法计算土方原理

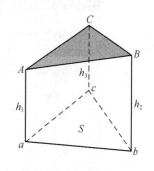

图 7-3　DTM 土方量计算

由 DTM 模型来计算土方量通常是根据实地测定的地面离散点坐标 (X,Y,Z) 和设计高程来计算。该法直接利用野外实测的地形特征点(离散点)进行三角构网,组成不规则三角网(TIN)结构。三角网构建好之后,用生成的三角网来计算每个三棱柱的填挖方量,最后累积得到指定范围内填方和挖方分界线,三棱柱体上表面用斜平面拟合,下表面为水平面或参考面。如图 7-3 所示,A,B,C 为地面上相邻的高程点,垂直投影到某平面上对应的点为 a,b,c,而 S 为三棱柱底面积,h_1,h_2,h_3 为三角形角点的填挖高差。

填、挖方计算公式为

$$V = \frac{h_1 + h_2 + h_3}{3} \times S \qquad (7-1)$$

(2) DTM 法计算土方方法

根据数据的不同格式,DTM 法土方计算在 CASS 软件中提供了 3 种计算模式,即根据坐标文件计算、根据图上高程点计算、根据图上三角网计算。

DTM 法土方计算要先执行下拉菜单"绘图处理\展高程点"命令,将坐标数据文件中的碎部点三维坐标展绘到当前图形中;再用复合线命令 Pline 根据工程要求绘制一条闭合多段线作为土方计算的边界;最后执行下拉菜单"工程应用\DTM 法土方计算\根据坐标文件"命令,按提示选择边界线后在对话框中显示区域面积,接着输入平场设计标高与边界插值间隔(系统默认为 20 m),如图 7-4(a)或者进行边坡设置后,在对话框中显示挖方量和填方量,在系统默认的 dtmtf. log 文件中详细记录了每个三角形地块的挖方量和填方量数值。同时还可以指定表格左下角所在位置,则 CASS 将在指定点处绘制一个如图 7-4(b)所示的土石方计算专用表格。

2. 里程文件的生成

里程文件(∗ . hdm)用离散的方法描述了实际地形。可以用断面线、复合线、等高线、三角网、坐标文件 5 种方法生成里程文件,如图 7-5。如选择"由纵断面生成\新建"菜单项,显示对话框如图 7-6 所示。

(1) 由纵断面生成

先用复合线绘制出纵断面线,用鼠标单击"工程应用\生成里程文件\由纵断面生成\新建"菜单项,用鼠标点取所绘纵断面线后在弹出的对话框中中桩点获取方式,横断面间距,横断面左、右边长度后,软件则自动沿纵断面线生成横断面线。

(2) 由复合线生成

这种方法用于生成纵断面的里程文件。它从断面线的起点开始,按间距依次记下每一交点在纵断面线上离起点的距离和所在等高线的高程。

(3) 由等高线生成

这种方法只能用来生成纵断面的里程文件。它从断面线的起点开始,处理断面线与等

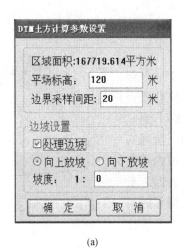

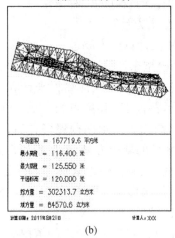

(a)　　　　　　　　　　　　　　　　(b)

图 7 - 4　三角网法土石方计算

(a)土方计算参数设置;(b)土方计算表格

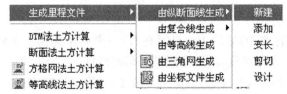

图 7 - 5　生成里程文件菜单

高线的所有交点,依次记下每一交点在纵断面线上离起点的距离和所在等高线的高程。

(4)由三角网生成

这种方法只能用来生成纵断面的里程文件。它从断面线的起点开始,处理断面线与三角网的所有交点,依次记下每一交点在纵断面线上离起点的距离和所在三角形的高程。

(5)由坐标文件生成

用鼠标单击"工程应用/生成里程文件/由坐标文件生成"菜单项,屏幕上弹出"输入简码数据文件名"的对

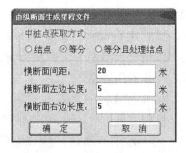

图 7 - 6　纵断面生成里程文件对话框

话框来选择简码数据文件。这个文件的编码必须按以下方法定义,具体例子见 CASS 安装目录下"DEMO"子目录下的"ZHD. DAT"文件。

　　总点数

　　点号,M1,X 坐标,Y 坐标,高程

　　点号,1,X 坐标,Y 坐标,高程

　　……

　　点号,M2,X 坐标,Y 坐标,高程

　　点号,2,X 坐标,Y 坐标,高程

……
点号,Mi,X 坐标,Y 坐标,高程
点号,i,X 坐标,Y 坐标,高程
……

3. 断面法土方计算

(1)断面法土方计算原理

当地形复杂、起伏变化较大,或地块狭长、挖填深度较大,断面又不规则时,宜选择断面法进行土方量计算。图 7 - 7 为线路的测量断面图形,利用横断面法进行计算土方量时,可根据线路长度,一般都采用按一定的间距 L 截取平行的断面,计算出各横断面的面积 S_1,S_2,…,S_n,然后用梯形公式计算出总的土方量。

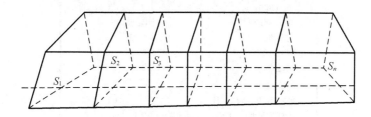

图 7 - 7　断面法土方量计算

断面法计算土方量的计算公式为

$$V = \sum_{i=2}^{n} V_i = \sum_{i=2}^{n} \frac{(S_{i-1} + S_i) \cdot L}{2} \qquad (7-2)$$

式中 S_{i-1},S_i 分别为第 i 单元线路起终断面的填(或挖)方面积,L 为间隔长,V 为填(或挖)方体积。

断面法土方计算主要用在线路土方计算和区域土方计算。对于特别复杂的地方可以用任意断面设计方法。断面法土方计算主要有线路断面、场地断面和任意断面 3 种计算土方量方法。该法计算操作比较复杂,下面以道路断面法土方计算为例,简要介绍在 CASS 软件中的主要操作步骤。

(2)CASS 软件断面法土方计算

①选择土方计算类型。用鼠标单击下拉菜单"工程应用\断面法土方计算\道路断面",弹出断面设计参数对话框,如图 7 - 8 所示。道路的所有参数都是在这个对话框中进行设置。

②给定计算参数。在"断面设计参数"对话框中输入道路的各种参数。单击"确定"按钮后在命令行提示输入绘制断面图的横向比例和纵向比例,在屏幕指定横断面图起始位置,即可绘出道路的纵断面图及每一个横断面图,如图 7 - 9 所示。

如果生成的部分断面参数需要修改,可用鼠标单击"工程应用"菜单下的"断面法土方计算"子菜单中的"修改设计参数",在弹出的"断面设计参数"对话框中,可以非常直观地修改相应参数。修改完毕后单击"确定"按钮,系统取得各个参数,自动对断面图进行修正,实现"所改即所得"。

③计算工程量。执行"工程应用\断面法土方计算\图面土方计算"命令,按命令行提示,选择要计算土方的断面图和指定土方计算表位置,系统自动在图上绘出土石方计算表,如表 7 - 1 所示。

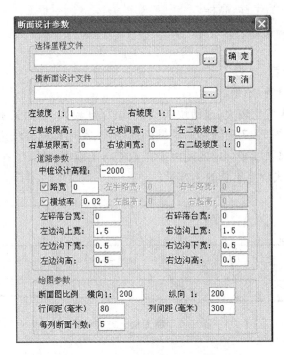

图7-8 断面设计参数对话框

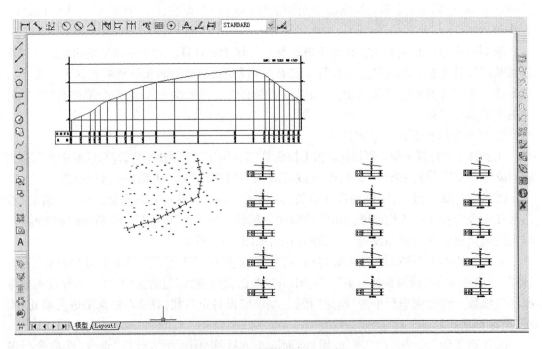

图7-9 纵横断面图成果示意图

表 7 - 1　土石方数量计算表

里程	中心高/m		横断面积/m²		平均面积/m²		距离/m	总数量/m³	
	填	挖	填	挖	填	挖		填	挖
K0 + 500.00	8.04		162.67	0.00	146.93	0.00	20.00	2 938.68	0.00
K0 + 520.00	7.01		131.20	0.00	102.90	0.00	20.00	2 057.99	0.00
K0 + 540.00	4.58		74.60	0.00	59.57	0.00	20.00	1 191.30	0.00
K0 + 560.00	3.02		44.53	0.00	27.61	0.76	20.74	572.51	15.70
K0 + 580.74	0.80		10.69	1.51	8.90	2.33	19.26	171.48	44.86
K0 + 600.00	0.50		7.12	3.14	4.44	6.39	20.00	88.88	127.77
K0 + 620.00		0.40	1.77	9.63	0.95	12.73	20.00	19.03	254.66
K0 + 640.00		0.83	0.13	15.83	0.07	23.52	20.00	1.34	470.42
K0 + 660.00		1.71	0.00	31.21	0.00	47.53	20.00	0.00	950.67
K0 + 680.00		3.24	0.00	63.86	0.00	70.48	20.00	0.00	1 409.66
K0 + 700.00		3.87	0.00	77.11	0.00	78.11	20.00	0.00	1 562.28
K0 + 720.00		4.02	0.00	79.12	0.00	68.04	17.82	0.00	1 212.23
K0 + 737.82		3.04	0.00	56.96	0.00	55.46	21.8	0.00	121.06
K0 + 740.00		2.91	0.00	53.96	0.00	32.69	20.00	0.00	653.81
K0 + 760.00		0.68	0.00	11.42	21.14	5.71	20.00	422.78	114.25
K0 + 780.00	2.96		42.28	0.00	58.25	0.00	9.56	556.75	0.00
K0 + 789.56	4.75		74.22	0.00					
合计								8 020.7	8 020.7

4. 方格网法土方计算

在实际测量工作中,可以在测区按照一定间隔长度建立坐标方格网,然后测量得到各格网点的坐标(X,Y,H);也可以按照先测量出地形特征点后,通过一定的内插算法求取方格网点的坐标。根据设计高程,计算出每一个正方体的填挖土方量,最后累计得到指定范围内填方和挖方的土方量,并绘出填挖方分界线。相应计算原理如下。

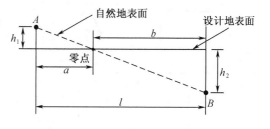

图 7 - 10　填挖边界零点

(1)填挖边界点位置的确定。在每相邻的填方点和挖方点之间有一个不填也不挖的点,即零点。如图 7 - 10 所示,设 A,B 为相邻的两个方格点,h_1 为挖方高度,h_2 为填方高度,l 为方格边长,a 为零点到挖方角顶的距离,b 为零点到填方角顶的距离。

零点位置的确定方法为

$$\left. \begin{array}{l} a = \dfrac{lh_1}{h_1 + h_2} \\[2ex] b = \dfrac{lh_2}{h_1 + h_2} \end{array} \right\} \qquad (7-3)$$

连接每个方格上的相邻两个零点,得到填挖边界线。

(2)每个正方体土方量的计算。根据各角点填挖值符号的不同,填挖边界线可能将每个正方形划分为常见的几种图形形式,如图7－11所示。相应的土方计算可以分解成5种计算方式,对应在CASS系统中,首先将方格的4个角上的高程相加(如果角上没有高程点,通过周围高程点内插得出其高程),取平均值与设计高程相减。然后通过指定的方格边长得到每个方格的面积,再用长方体的体积计算公式得到填挖方量。

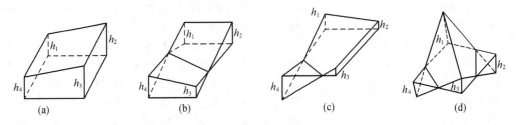

图7－11　填挖图形方式

(a)全部为挖(填)方;(b)两点填方,两点挖方;

(c)三点填(挖)方,一点挖(填)方;(d)相对两点为填(挖)方,其余两点为挖(填)方

表7－2　土方量基本图形计算公式表

序号	平面图	立体图	计算公式
1			$V = \dfrac{l^2}{4}(h_1 + h_2 + h_3 + h_4)$
2			$V = \dfrac{l}{8}(a + b)(h_1 + h_2)$
3			$V = \dfrac{ab}{2} \cdot \dfrac{h}{3}$
4			$V = \dfrac{1}{5}\left(l^2 - \dfrac{ab}{2}\right)(h_1 + h_2 + h_3)$
5			$V_{楔} = \dfrac{l^2}{6}\left[\dfrac{h_3^3}{(h_1 + h_3)(h_2 + h_3)} - h_3 + h_2 + h_1\right]$ $V_{锥} = \dfrac{l^2}{6} \cdot \dfrac{h_3^3}{(h_1 + h_3)(h_2 + h_3)}$

　　方格网法计算简便直观,易于操作,方格网法土方计算适用于地形变化比较平缓的地形情况,对于计算场地平整的土方量计算较为精确,当测区地形起伏较大时,用格网点计算会产生地形代表性误差,造成计算精度偏低。

　　用方格网法计算土方量,设计面可以是水平的,也可以是倾斜的,还可以是三角网。用复合线画出所要计算土方的闭合区域,执行"工程应用\方格网法土方计算"命令,然后按照方格网土方计算对话框进行相应设置确定后,选择土方计算封闭边界,显示挖方量、填方量。同时,图上绘出所分析的方格网,填挖方的分界线,并给出每个方格的填挖方,每行的挖方和每列的填方,结果如图 7 – 12 所示。

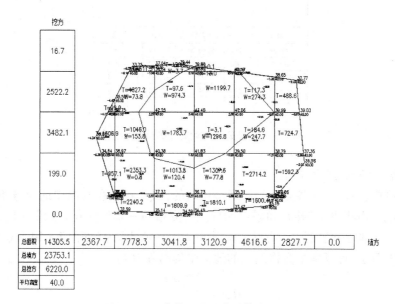

图 7 – 12　方格网法土方计算成果图

5. 等高线法土方计算

　　当数字地形图没有对应的高程数据文件时,无法用前面的几种方法来计算土方量。如通常将纸质地形图矢量化后得到电子地图,这种情况下则可采用已有等高线计算法计算土方量。用此方法可计算任意两条等高线之间的土方量,但所选等高线在 CASS 软件中要求必须是闭合的,还不能处理任意边界为多边形的情况。由于两条等高线所围面积可求,两条等高线之间的高差已知,则可求出这两条等高线之间的土方量。执行"工程应用\等高线法土方计算"命令,选择参与计算的等高线,再在屏幕指定表格左上角位置,系统将在该点绘出计算成果表格,如图 7 – 13 所示。从表格中可以看到每条等高线围成的面积和两条相邻等高线之间的土方量以及相应的计算公式等。当然也可以采用由等高线生成数据文件后再按照前面方法进行计算。

6. 区域土方平衡

　　土方平衡的功能常在场地平整时使用。当一个场地的土方平衡时,等高线法土石方计算挖方量刚好等于填方量。以填挖方边界线为界,从较高处挖得的土方直接填到区域内较低的地方,就可完成场地平整。这样可以大幅度减少运输费用。

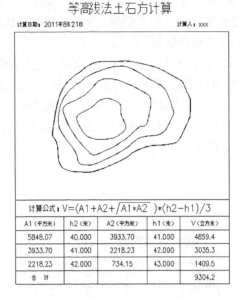

图 7－13　等高线法计算土方成果示意图

（1）计算平整场地平均高程

在方格网中，一般认为各点间的坡度是均匀的，因此各点在格网中的位置不同，它的地面高程所影响的面积也不相同，如果以四分之一方格为一单位面积，定权为1，则方格网中各点高程的权分别是：角点为1，边点为2，拐点为3，中心点为4（如图7－14）。这样就可以用加权平均值的算法，计算整个方格网点的地面平均高程 $H_{平}$。

$$H_{平} = \frac{\sum P_i H_i}{\sum P_i} \tag{7-4}$$

式中，P_i 为各点高程的权。

（2）在 CASS 软件中的计算步骤

在图上展绘出高程点，用复合线绘出需要进行土方平衡计算的边界。单击"工程应用\区域土方平衡\根据坐标数据文件（或根据图上高程点）"菜单项，命令行提示选择计算区域边界线，点取第一步所画闭合复合线，显示输入边界插值间隔，回车后弹出如图7－15土方平衡计算结果对话框，也可以生成区域土方平衡计算成果表，如图7－16。

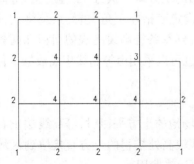

图 7－14　方格网点权系数图

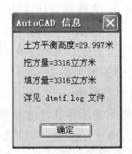

图 7－15　土方平衡结构对话框

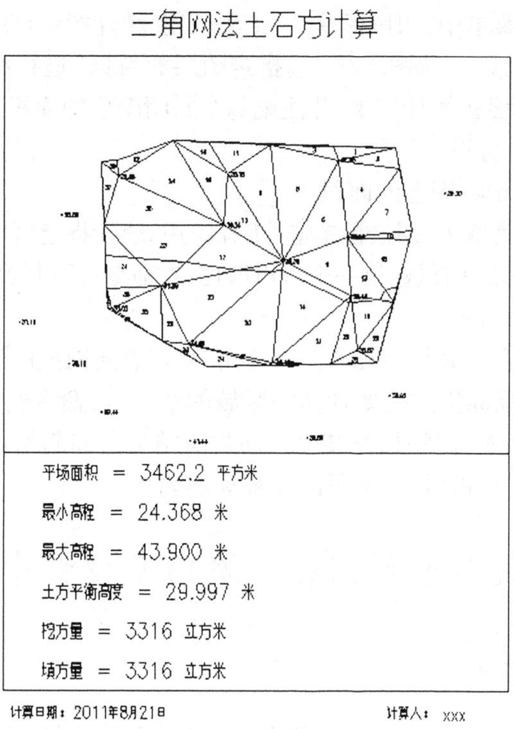

三角网法土石方计算

平场面积　=　3462.2　平方米

最小高程　=　24.368　米

最大高程　=　43.900　米

土方平衡高度　=　29.997　米

挖方量　=　3316　立方米

填方量　=　3316　立方米

计算日期：2011年8月21日　　　　　　　　　　计算人：xxx

图 7 - 16　土方平衡计算成果表

7.1.3　面积应用

面积的量测是数字地图在工程建设中应用的一个重要内容,应用范围非常广泛,应用功能与专业软件密切相关,在地籍和土地管理等方面有着广泛的应用。这里仅介绍一些在工程建设中常用的面积应用方法,其中包括用复合线凑面积、计算并注记实体面积、统计指定区域的面积、计算指定范围的面积和指定点所围成的面积等。

1. 用复合线凑面积

通过调整封闭的未拟合复合线上的一点、一边或者一边一点,把该复合线面积凑成所需要的目标面积。

(1)调整一点

如果选择调整一点,复合线被调整点将随鼠标的移动而移动,整个复合线的形状也会随着变化,同时可以看到屏幕左下角实时显示变化着的复合线面积,待该面积达到所要求的数值时,点击鼠标左键确定被调整点的位置。如果面积数变化太快,可将图形局部放大再使用本功能。

(2)调整一边

如果选择调整一边,复合线被调整边将会平行向内或向外移动以达到所要求的面积值。

(3)在一边调整一点

如果选择在一边调整一个点,在命名行显示当前封闭图形的面积,同时提示输入目标面积,复合线被调整边将会沿所选择的边靠近拐点的一端延长或者缩短,达到期望的面积值。

2. 计算指定范围的面积

在 CASS 软件下拉菜单中,用鼠标单击"工程应用\统计指定范围的面积"菜单项。根据命名行的提示"1. 选目标/2. 选图层/3. 选指定图层的目标"进行相应选择后,在命令行可得到所有封闭图形的总面积统计结果,并注记每个封闭图形的面积。

3. 统计指定区域的面积

该功能用来累加注记在图上的面积。

在 CASS 软件下拉菜单中,用鼠标单击"工程应用\统计指定区域的面积"菜单项。根据命令行提示选择统计对象,用鼠标拉一个窗口即可;在命令行可得到总面积统计结果。

4. 指定点所围成的面积

在 CASS 下拉菜单中,用鼠标单击"工程应用\指定点所围成的面积"菜单项。根据命令行的提示"输入点",用鼠标指定想要计算的区域的第一点,命令行将一直提示输入以下各点,直到按鼠标的右键或回车确认,系统将自动封闭结束点和起始点,并在命令行显示得到总面积统计结果,这与 AutoCAD 中面积计算 area 功能相同。

7.2　数字地形图在线路勘察设计中的应用

7.2.1　线路曲线设计

在 CASS 软件中,提供了进行线路曲线设计的基本计算功能,可进行单个交点和多个交点的处理,得到平曲线要素和逐桩坐标成果表。现以多个交点的线路曲线设计为例,简要说明其计算方法。

(1)用鼠标单击"工程应用\公路曲线设计\要素文件录入"菜单项,命令行提示选择:①偏角定位;②坐标定位:选坐标定位则弹出曲线要素录入对话框,见图 7-17 所示,线路起点坐标和各交点坐标可以直接输入或者用鼠标在已设计好的线路中线上直接拾取。

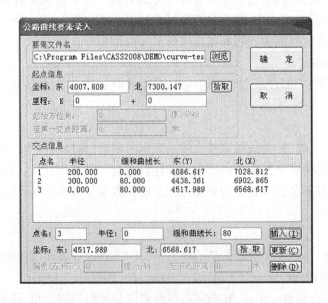

图 7-17　曲线要素录入对话框

（2）用鼠标单击"工程应用\公路曲线设计\曲线要素处理"菜单项,弹出相应对话框,输入要素文件名后按命令行提示操作,显示如图 7 - 18 线路图和相应成果表。

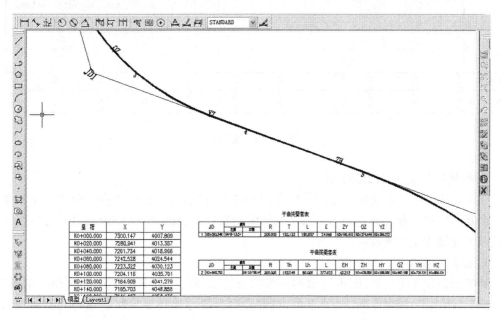

图 7 - 18　线路设计计算示例

7.2.2　断面图绘制

在进行道路、隧道、管线等工程设计时,往往需要了解线路的地面起伏情况,这时可根据等高线地形图来绘制断面图。绘制断面图的方法有 4 种:根据已知坐标、根据里程文件、根据等高线、根据三角网。

1. 根据坐标文件生成断面图

首先在数字地图上用复合线画出断面方向线。单击"工程应用\绘断面图\根据坐标文件"菜单项。按命令行提示操作:选择断面线,输入高程点数据文件名。在绘制纵断面图对话框（如图 7 - 19）输入采样点的间距,输入起始里程、横向比例、纵向比例、隔多少里程绘一个标尺等后,在屏幕上则显示所选断面线的断面图,如图 7 - 20 所示。

一个里程文件通常包含多个横断面的信息,此时绘横断面图时就可一次绘出多个断面。

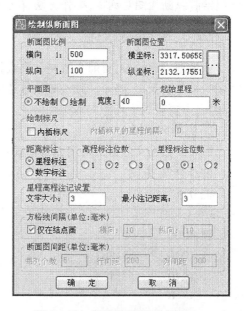

图 7 - 19　绘制纵断面图对话框

里程文件的一个断面信息内允许有该断面不同时期的断面数据,这样绘制这个断面时就可以同时绘出实际断面线和设计断面线。

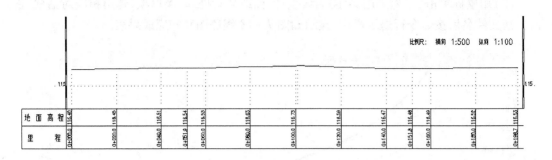

图 7 − 20   断面图

2. 根据里程文件生成断面图

一个里程文件可包含多个断面的信息,此时断面图就可一次绘出多个断面。里程文件的一个断面信息内允许有该断面不同时期的断面数据,这样绘制这个断面时就可以同时绘出实际断面线和设计断面线。

3. 根据等高线生成断面图

如果图面存在等高线,则可以根据断面线与等高线的交点来绘制纵断面图。单击"工程应用\绘断面图\根据等高线"菜单项,按照命令行提示选择要绘制断面图的断面线后屏幕弹出绘制纵断面图对话框,操作方法详见根据坐标文件生成断面图。

4. 根据三角网生成断面图

如果图面存在三角网,则可以根据断面线与三角网的交点来绘制纵断面图。单击"工程应用\绘断面图\根据三角网"菜单项,依据命令行提示选择要绘制断面图的断面线,屏幕弹出绘制纵断面图对话框,操作方法详见根据坐标文件生成断面图。

7.2.3 断面数据文件

在规划设计单位,目前在线路勘察设计工作中需要相应的断面测量数据,国内设计部门常用的软件有天正、鸿业、纬地、海地等道路设计软件,这些软件对断面数据格式的要求不完全相同,主要有如下几种文本文件格式。

1. 纵断面数据文件

纵断面数据文件通常采用如下格式:

桩号里程 高程

桩号里程 高程

……

例:1200   150. 236

　　 1220   152. 863

　　 1240   153. 178

　　 ……

2. 横断面数据文件

横断面数据文件格式主要有以下 3 种格式。

(1)横断面自然格式

①每一桩桩号(实数)单独放一行并且必须以字母 K 开头。

②除桩号行外,其余每一行第一项是测量点与中桩的距离(左侧需加负号),第二项为标高,如果为双高程点,则第二项、第三项依次为从左到右第一标高、第二标高等。

③中桩处标高距离为零。

④数字之间至少用一个空格隔开。

例:K60. 0

- 15. 2	154. 77
8. 7	153. 86
0	153. 33
6. 8	153. 79
14. 7	153. 23	152. 67
21. 3	152. 48

(2)单行格式

单行格式采用在每个中桩处的横断面数据用一行数据表示,每行数据格式为:

桩号　中高　平距　标高　平距　标高……

平距左侧为负,右侧为正,标高可以是绝对高程或者相对中桩的高差。

例:K80 38. 323　- 28. 53　- 1. 229　- 21. 66　- 0. 086 - 8. 37 0. 538 5. 86 0. 879…

(3)三行格式

三行格式采用在每个中桩处的横断面数据用三行数据表示,每行数据格式为:

第一行:桩号中高

第二行:平距标高(左侧断面数据)

第三行:平距标高(右侧断面数据)

3. 南方 CASS 断面数据文件

在数字地形图中利用南方 CASS 软件形成的断面数据文件按照如下方式进行排列:

点号,Mi,X 坐标,Y 坐标,高程

点号,i,X 坐标,Y 坐标,高程

点号,i,X 坐标,Y 坐标,高程

其中,代码为 Mi 表示道路中心点,代码为 i 表示该点是对应 Mi 的道路横断面上的点。

例:1,M1,708. 522,411. 099,90. 173

　　2,1,721. 786,410. 908,90. 242

　　3,1,719. 690,405. 228,90. 284

　　4,1,694. 710,410. 667,89. 890

　　5,1,690. 551,410. 040,89. 631

　　6,1,689. 392,413. 865,88. 435

　　7,1,688. 080,413. 485,88. 404

　　8,1,687. 938,413. 477,89. 645

　　9,1,685. 240,412. 393,89. 641

7.3　图 数 转 换

　　数字地形图是建立地理信息系统(GIS)的一个重要数据来源,不同 GIS 系统平台对数字地图数据格式的要求往往也不一样。因此,在图与图之间、数与数之间、数与图之间、图与数之间如果是跨平台使用就需要进行相互之间的转换,这将涉及文件交换接口的问题。数字地形图作为一般测绘成果最为普通的成果形式,为了能够充分利用数字地形图资料,往往需要将数字地形图进行相应转换后才能够被其他软件使用。

　　GIS 的广泛应用对数字地图提出了新的要求。首先一个最基本的要求就是数字地图中的地物空间数据只能以"骨架线"数据的形式出现,不能附带地物符号。在南方 CASS 和广州开思 SCS 软件中巧妙引入了"骨架线"的概念。它不仅是数字地图的底层概念,同时也使数字地图中地物编辑更加直观与实用。除 AutoCAD 的 dwg、dxf 等文件外,CASS 系统提供了可以输出几种常用的 GIS 的格式文件,如 ArcGIS 与 Arc/Info 的 shp 文件,MapInfo 的 mif、mid 文件及国家空间矢量格式文件的多种数字地图成果输出方式,方便用户将数字地图导入 GIS 系统,同时还提供了本身定义的数据交换文件(后缀为 cas)。这为用户的各种应用带来了极大的方便。

　　常见的数字成图软件,如南方 CASS、广州开思 SCS、北京威远图 SV300、清华三维 EPSW 等软件系统中的数据文件格式也不相同,在跨系统使用时也需要进行相应转换。下面以南方 CASS 软件为例介绍有关图数转换的方法。

7.3.1　生成数据文件

　　1. 指定点生成数据文件

　　执行"工程应用\指定点生成数据文件"命令,输入数据文件名,用鼠标单击需要生成数据的点,按命令行提示输入地物代码、高程后,系统将坐标、代码、高程自动追加到前面输入的数据文件中。

　　2. 高程点生成数据文件

　　执行"工程应用\高程点生成数据文件\有编码高程点(或无编码高程点、无编码水深点)"命令,输入数据文件名后,按照命令行提示进行选择。如果选择无编码高程点生成数据文件,则首先要保证高程点和高程注记必须各自在同一层中。按命令行提示输入高程点所在的层名和高程注记所在的层名后,系统提示"共读入××个高程点",表示成功生成了数据文件。

　　3. 控制点生成数据文件

　　执行"工程应用\控制点生成数据文件"命令,屏幕上弹出"输入数据文件名"对话框来保存数据文件。系统提示"共读入××个控制点"。

　　4. 等高线生成数据文件

　　执行"工程应用\等高线生成数据文件"命令,输入数据文件名后,按照命令行提示进行选择后,系统自动分析图上绘出的等高线,将所在结点的坐标记入给定的文件中。等高线滤波后结点数会少很多,这样可以缩小生成数据文件的大小。

7.3.2　生成交换文件

1. 生成数据交换文件

数据交换文件是扩展名为"cas"的文本格式文件。该文件包含有当前图形全部对象的所有几何信息和属性信息,在经过一定的处理后便可以将数字地图的相关信息导入 GIS 系统。

执行"数据\生成交换文件"命令,在弹出的标准文件选择对话框中键入要生成的数据文件名,单击"保存"按钮,则将当前图形的全部对象数据输出到给定的数据文件中。

2. 读入交换文件

执行"数据\读入交换文件"命令,屏幕上弹出输入交换文件名对话框,可以将 cas 格式的文件读入 CASS 中。若当前图形还没有设定比例尺,系统会提示用户输入比例尺。系统根据交换文件的坐标设定图形显示范围,以便交换文件中的所有内容都可以包含在屏幕显示区中央。系统逐行读出交换文件的各图层、各实体的各项空间或非空间信息并将其画出来,同时,各实体的属性代码也被加入。

3. 输出 Arc/Info shp 格式文件

执行"检查入库\输出 Arc/Info shp 格式"命令,在弹出的对话框中输入相关信息按"确定"键,选择文件保存路径后,单击"确定"按钮,即将所选图形对象数据输出到设定的数据文件中。

4. 输出 MapInfo mif/mid 格式文件

执行"检查入库\MapInfo mif/mid 格式"命令,在弹出的对话框中输入相关信息按"确定"键,选择文件保存路径后,单击"确定"按钮,即将所选图形对象数据输出到设定的数据文件中。

5. 输出国家空间矢量格式文件

GIS 软件种类众多,范围广泛,为了使不同的 GIS 系统可以互相交换空间数据,在世界范围内都制定了很多标准。我国也对国内的 GIS 软件制定了一个标准,也就是国家空间矢量格式,并要求所有的 GIS 系统都能支持这一标准接口。

执行"数据\输出国家空间矢量格式"命令,在弹出的对话框中输入数据文件名,单击"保存"按钮,即将当前图形的全部对象数据输出到设定的数据文件中。

7.4　全站仪施工放样

全站仪放样模式有两个功能,即测定放样点和利用内存中的已知坐标数据设置新点。用于放样的坐标数据可以是内存中的点,也可以是从键盘输入的坐标。坐标数据可通过传输电缆从计算机导入仪器内存。

NTS360R 系列全站仪的内存划分为测量数据和供放样用的坐标数据。

7.4.1　放样步骤

在放样的过程中,有以下几个步骤:

(1)选择放样文件,可进行测站坐标数据、后视坐标数据和放样点数据的调用;

(2)设置测站点;

(3)设置后视点,确定方位角;

(4)输入所需的放样坐标,开始放样。

7.4.2　准备工作

1. 坐标格网因子的设置

(1)计算公式

①高程因子

高程因子 = $R/(R + 高程)$

式中,R 为地球平均曲率半径。

高程:平均海水面之上的高程。

②比例尺因子

比例尺因子:测站上的比例尺因子。

③坐标格网因子

坐标格网因子 = 高程因子 × 比例尺因子

(2)距离计算

①坐标格网距离

$HDg = HD × 坐标格网因子$

式中,HDg 为坐标格网距离,HD 为地面上的距离。

②地面上的距离

$HD = HDg/坐标格网因子$

设置坐标格网因子的操作步骤如下:

a. 由放样菜单2/2 按数字键[3](格网因子);

b. 输入高程,按[F4](确认)键;

c. 按同样方法输入比例尺因子;

d. 系统计算出格网因子,按[F4](确认)键,显示屏返回到放样菜单2/2。

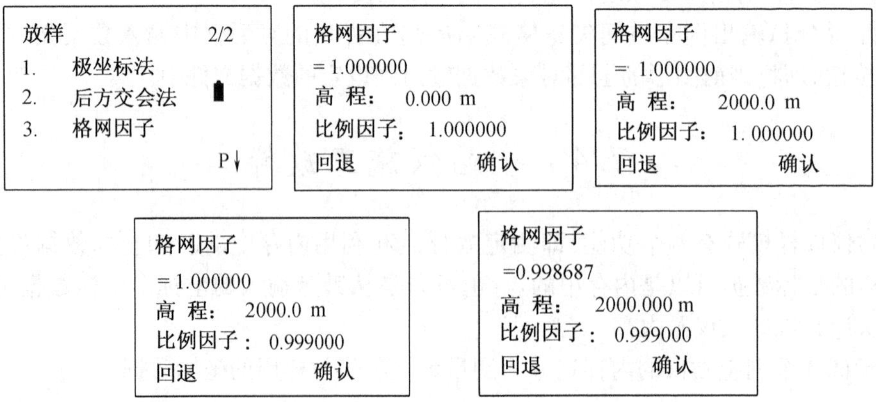

放样　　　　2/2	格网因子	格网因子
1.　极坐标法 2.　后方交会法 3.　格网因子 　　　　　P↓	=1.000000 高 程:　0.000 m 比例因子:1.000000 回退　　　确认	=1.000000 高 程:　2000.0 m 比例因子:1.000000 回退　　　确认

格网因子	格网因子
=1.000000 高 程:　2000.0 m 比例因子:0.999000 回退　　　确认	=0.998687 高 程:　2000.000 m 比例因子:0.999000 回退　　　确认

图7-21　坐标格网因子设置

2. 放样文件的选择

运行放样模式首先要选择一个坐标数据文件,也可以将新点测量数据存入所选定的坐标数据文件中。

当放样模式已运行时,可以按同样方法选择文件,操作步骤如下:

（1）由主菜单 1/2,按数字键[2]（放样）；

（2）按[F2]（调用）键。（注：可直接输入文件名,按[F4]（确认）键）；

（3）屏幕显示磁盘列表,选择需作业的文件所在的磁盘,按[F4]（确认）或[ENT]键进入；

（4）显示坐标数据文件列表；

（5）按[▲]或[▼]键可使文件表向上或向下滚动,选择一个工作文件。按[►]、[◄]键上下翻页；

（6）按[ENT]（回车）键,文件即被选择,屏幕返回放样菜单。

3. 设置测站点

设置测站点的方法有如下两种:利用内存中的坐标设置、直接键入坐标数据。

利用内存中的坐标数据文件设置测站点的操作步骤如下：

（1）由放样菜单 1/2 按数字键[1]（设置测站点）,屏幕显示前次设置的数据,重新设置按[F1]（输入）键；

（2）输入点号,按[F4]（确认）键；

（3）系统查找输入的点名,并在屏幕显示该点坐标,确认按[F4]（是）；

（4）输入仪器高,并按[F4]（确认）；

（5）屏幕返回到放样菜单 1/2。

4. 设置后视点

有以下三种后视点设置方法可供选用:利用内存中的坐标数据设置后视点、直接键入坐标数据、直接键入设置角。

利用内存中的坐标数据设置后视点的操作步骤如下：

（1）由放样菜单按数字键[2]（设置后视点）键；

（2）按[F1]（输入）键；

（3）输入点号,按[F4]（确认）键；

（4）显示该点坐标,确认按[F4]（是）,屏幕显示后视方位角；

（5）照准后视点,按[F4]（是）键,出现"设置!"两秒钟,显示屏返回到放样菜单 1/2。

7.4.3　实施放样

实施放样有两种方法可供选择:通过点号调用内存中的坐标值、直接键入坐标值。

通过点号调用内存中的坐标值的操作步骤如下：

（1）由放样菜单 1/2,按数字键[3]（设置放样点）；

（2）按[F1]（输入）键；

（3）输入点号,按[F4]（确认）键。（注:若文件中不存在所需的坐标数据,则无需输入点号）；

（4）系统查找该点名,并在屏幕显示该点坐标,确认按[F4]（确认）键；

（5）输入目标高度；

（6）当放样点设定后,仪器就进行放样元素的计算,如图 7 – 22（a）；

其中,HR 为放样点的水平角计算值;HD 为仪器到放样点的水平距离计算值。照准棱镜中心,按[F1]（距离）键。

（7）系统计算出仪器照准部应转动的角度,如见图 7 – 22（b）；

其中,*HR* 为实际测量的水平角;*dHR* 为对准放样点仪器应转动的水平角 = 实际水平角 - 计算的水平角。当 *dHR* = 0°00′00″时,即表明找到放样点的方向。

(8)按[F1](测量)键,如图 7 - 22(c)。

其中,平距为实测的水平距离;*dHD* 为对准放样点高差的水平距离;*dZ* = 实测高差 - 计算高差。(注:按[F3](标高)键,可重新输入目标高)

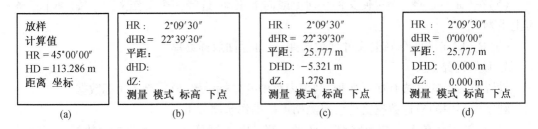

放样 计算值 HR = 45°00′00″ HD = 113.286 m 距离 坐标	HR :　2°09′30″ dHR : 22°39′30″ 平距: dHD: dZ: 测量 模式 标高 下点	HR :　2°09′30″ dHR : 22°39′30″ 平距:　25.777 m DHD: −5.321 m dZ:　1.278 m 测量 模式 标高 下点	HR :　2°09′30″ dHR : 0°00′00″ 平距:　25.777 m DHD: 0.000 m dZ:　0.000 m 测量 模式 标高 下点
(a)	(b)	(c)	(d)

图 7 - 22　放样界面

(9)按[F2](模式)键进行精测;

(10)当显示值 *dHR*,*dHD* 和 *dZ* 均为 0 时,则放样点的测设已经完成,如图 7 - 22(d)。

①按[ESC]键,返回放样计算值界面,按[F2](坐标)键,即显示坐标的差值(按[F3](标高)键,可重新输入目标高)。

②按[F4](下点)键,进入下一个放样点的测设。

7.5　GPS RTK 放样

利用 RTK 法进行施工放样,在开始放样之前,首先要对仪器和控制软件进行正确的设置,然后才能测得符合要求的结果。下面以 Leica GPS 1200 RTK 为例说明具体的操作步骤。

7.5.1　准备工作

施工放样之前的准备工作主要分为三部分,第一部分是参考站配置集的建立,第二部分是流动站配置集的建立,第三部分是坐标系的建立。具体操作步骤同 3.6GPS RTK 碎部测图。

7.5.2　参考站和流动站的设置

利用 RTK 法进行施工放样时参考站和流动站的设置与碎部测量方式相同,因此具体设置方式可参考 3.6GPS RTK 碎部测图。

7.5.3　实施放样

参考站和流动站的设置完毕后即可进行放样操作,具体步骤如下。

(1)在电脑中建立一个 ASCII 文件,将所要放样点的点号、东坐标、北坐标及高程输入到记事本,之间以空格或逗号隔开(如图 7 - 23),输完后保存。(在输入完毕之后要将光标移至下

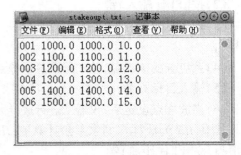

图 7 - 23　ASCII 文件格式

一行,否则可能会出现无法输入现象)

(2)将 CF 卡插入电脑的 PC 卡插槽,读取 CF 卡内容,打开 Data 文件夹。

(3)将你所需要放样的点的 ASCII 文件复制到文本 stakeoutpt 中,做好之后将 CF 卡取出,插到 Leica GPS 1200 传感器中。

(4)打开传感器,在主界面进入"4 转换"菜单,按 F1 继续(如图 7–24)。

(5)选择"2 输入 ASCII/GSI 数据到作业",按 F1 继续(如图 7–25)。

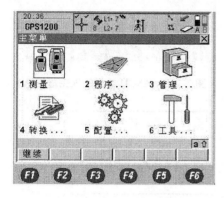

图 7–24　主界面

图 7–25　转换数据

(6)在新弹出的界面中,选择输入数据类型,及文件名称(如图 7–26)。按 F2 设置,可以对输入的 ASCII 文件格式进行设置。

(7)对所要输入的 ASCII 文件的格式进行设置(如图 7–27),将各个选项设置保持与建立的 ASCII 文件格式一致。完成后,按 F1 继续,将所要放样的点输入到所建立的文件中。

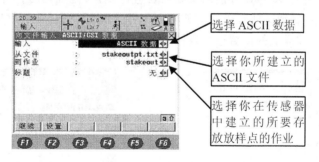

图 7–26　文件输入

(8)输入 ASCII 数据成功后,会显示以下信息(如图 7–28),如果确认输入点数无误,请按 F4,如果你还想输入其他的 ASCII 数据,请按 F6 进行确认。

(9)回到主菜单,进入"2 程序",按 F1 继续。

(10)进入"7 放样"程序,按 F1 继续。

(11)开始放样,将各选项调整至所需要的作业和配置,确认正确后按 F1 继续(如图 7–29)。

(12)将所要放样的点调出,开始放样(如图 7–30)。

终端的屏幕上会显示当前所在的位置和所要到达的位置的差距信息,根据屏幕信息的提示,可以进行前后左右以及挖填的调整,从而达到所要放样点的位置。

图 7-27　ASCII 文件格式设置

图 7-28　ASCII 数据输入完成信息

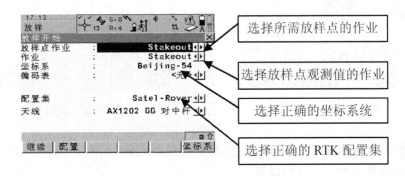

图 7-29　开始放样界面

(13)当距离放样点 50 cm(可根据实际需要进行设置)范围内时,手簿将会发出警告提示,然后进行微调,直到到达比较理想的放样点位置(如图 7-31)。在精度达到满足的情况下,按 F1 定位,对该放样点的位置进行观测,之后进行存储即可。

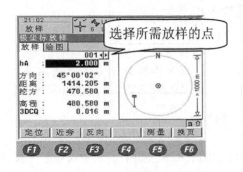

图 7-30　选择放样点

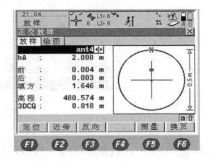

图 7-31　点位微调

其他的点按照以上的方法进行操作即可。

(14)结束作业

当整个作业完成或者欲收工,分别在基准站和移动站,先退出采集软件,然后关闭电源,拆除各个连接电缆,仪器收箱,收工。

第8章　数字地籍测绘

8.1　地籍图基础知识

8.1.1　地籍图基础知识

1. 地籍与地籍要素

地籍是土地的户籍，是记载土地的位置、界址、数量、质量、权属和用途等基本状况的簿册。建立地籍的目的，是国家根据生产和建设发展的需要及科学技术发展的水平来确定的。目前我国的地籍已由征税为目的，扩大为土地管理、保障土地权属、改革土地使用制度、城镇房地产交易和为国家的生产建设服务等。

地籍要素是地籍的具体内容，包括土地权属、土地利用类别、土地等级以及建筑物状况等。地籍要素调查应由国家采用科学的方法，在当地人民政府直接领导下由土地管理部门统一组织，依照有关法律程序，查清每一宗土地的位置、权属、界址线、面积和用途等基本情况。

2. 地籍要素单元

国家土地局批准的《城镇地籍调查规程》中规定："地籍要素调查的基本单元是宗地。"宗地是被权属界址线所封闭的地块。在一般情况下，一宗地为一个权属单位。同一个土地使用者，使用不相连的若干地块，则每一地块分别划宗；一地块为几个权属单位共用，而其间又难以划清权属界线，这块地也视为一宗地，称为共用宗地。大型企事业单位用地内具有法人资格的独立经济核算单位用地应独立分宗。

为进行地籍要素调查，宗地要进行编号。调查前可预编宗地号，通过调查正式确定宗地号。预编宗地号按流水号编号，一般从 1 开始，顺序进行。宗地号的编号以行政区为单位，按街道、宗两级进行编列。对于较大的城市，可按街道、街坊和宗地三级编号。《城镇地籍调查规程》规定："宗地的地籍号统一自左至右、自上而下，由'1'号开始顺序编号"，特殊情况下也可按图幅编号。一宗地可能分散在几幅地籍图上，该宗地就称为破宗。破宗的宗地号必须在有关图幅的破宗地上注记同一宗地号。《城镇地籍调查规程》中规定："同一街道、街坊、宗地被两幅以上基本地籍图分割时，应注记同一地籍号。"

3. 地籍要素

地籍要素主要是指土地权属、土地类别、土地等级、建筑物状况、位置等。

地籍要素调查是以每一宗土地为单元进行的，调查的基本内容包括土地权属、土地利用类别、土地等级和建筑物状况等。在此基础上，国家能全面地了解和掌握全国土地情况，协调国民经济各部门的用地计划，有效地利用土地资源；并且在社会主义经济规律指导下，为国家有计划地制订农副产品的生产经营计划，城镇、农村规划用地，确定城镇和农村的土地税收等提供科学依据。另外，在我国法律界定范围内，地籍要素调查也为土地使用权有偿转让和租赁提供科学资料。

通过地籍要素调查，在现场标定土地权属界线、绘制地籍草图和宗地草图、调查用途、填写地籍要素调查表,为地籍测量提供工作草图和依据。

8.1.2 土地权属

1. 土地权属

土地权属是指土地的所有权、使用权的归属。土地所有权是指国家法律承认的土地及其相关的产生物、建筑物、构筑物等的占有、支配的权利。

土地所有权的形式一般分为国家(全民)所有、集体所有和私人所有三种形式。《中华人民共和国土地管理法》第二条规定:"中华人民共和国实行土地的社会主义公有制,即全民所有制和劳动群众集体所有制。"《中华人民共和国宪法》(1982 年 12 月通过)第十条和《中华人民共和国土地管理法》第六条明文规定:"城市(市区)的土地属于国家所有(即全民所有)。"国家土地管理局发布的《确定土地所有权和使用权的若干规定》(1995 年 5 月 1 日施行)中规定:"城市市区范围内的土地属于国家所有;农村和城市郊区的土地,除法律规定属于国家所有的以外,均属于集体所有。"

土地使用权是指按法律分配给国有企事业单位、集体或个人等享有利用和取得收益的权利。国家土地管理局发布的《确定土地所有权和使用权的若干规定》中规定:"土地使用权确定给直接使用土地的具有法人资格的单位或个人,但法律、法规、政策和有关规定另有规定的除外。"

土地所有权和使用权由县级以上人民政府确定,土地管理部门具体承办。土地权属争议,由土地管理部门提出处理意见,报人民政府下达处理决定,或报人民政府批准后由土地管理部门下达处理决定。

2. 土地权属的内容

土地权属调查是对土地权属单位的权属界址点和界址线的判识、权属性质、权属主名称、土地坐落、四邻关系调查以及调查权属证明材料等,还要查清和描述行政区域界线和地理名称。

(1)土地位置

土地位置是指宗地所在的行政区域、街道、门牌号及四至等。

(2)界址点和界址线

土地的权属范围一小部分以曲线地物(如河流等)为权属界线,大多数都以界址点(即拐点或转角点)及其间的连接直线为权属界线。界址点和界址线的调查是依据有关条件关系和法律文件,在实地对宗地的界址点、线进行判识。为了保证界址点位置的准确,需埋设界址点标志。为便于在遗失、破坏后复原,要丈量其与相邻永久性地物点的相应距离,并标注在调查图上。如果界址点是明显的地物点,可不埋设界址点标志,但需要在调查图上标记清楚,并给予必要的文字说明。

(3)权属性质

城市市区土地属于国家所有,各企事业单位和个人只有使用权。农村和城市郊区的土地,除法律规定属于国家所有的之外,其余属于劳动群众集体所有。集体单位和个人只有土地使用权。

(4)其他

其他还包括权属人(企事业法人和个人)或委托代理人的姓名、身份证、联系电话等。如果是企事业单位,要清楚单位全称。如果是共用宗,要了解清楚使用权的情况。同时还要收集每宗土地的权属证明材料。

8.1.3　土地利用类别

1. 土地利用分类

土地利用分类是依据土地的综合特性进行的类别划分。土地的综合特性包括土地的自然特性和社会经济特性，主要是指土地用途、经营特点、利用方式和覆盖特性等。土地利用分类可用来分析土地的利用现状，预测土地的利用方向，但不能用来作为划分部门管理范围的依据。

土地利用分类是地籍管理和土地统计的前提，是认识和掌握土地的一个重要手段。通过对土地利用的分类，可以掌握土地资源的类型、数量和质量，以及土地资源在各类用地中的分配比例，为合理调查用地和加强土地管理提供准确的数据和科学依据，为制定国民经济发展规划和有关政策服务，为搞好城乡规划和合理布局服务，为城乡经济发展和农村生产提供科学依据。

2. 土地利用分类标准

2007 年 9 月 4 日发布的《土地利用现状分类》，标志着我国土地利用现状分类第一次拥有了全国统一的国家标准。《土地利用现状分类》国家标准采用一级、二级两个层次的分类体系，共分 12 个一级类。其中一级类包括耕地、园地、林地、草地、商服用地、工矿仓储用地、住宅用地、公共管理与公共服务用地、特殊用地、交通运输用地、水域及水利设施用地、其他土地。《土地利用现状分类》国家标准确定的土地利用现状分类，严格按照管理需要和分类学的要求，对土地利用现状类型进行归纳和划分。一是区分"类型"和"区域"，按照类型的唯一性进行划分，不依"区域"确定"类型"；二是按照土地用途、经营特点、利用方式和覆盖特征四个主要指标进行分类，一级类主要按土地用途，二级类按经营特点、利用方式和覆盖特征进行续分，所采用的指标具有唯一性；三是体现城乡一体化原则，按照统一的指标，城乡土地同时划分，实现了土地分类的"全覆盖"。

8.2　数字地籍测绘

8.2.1　地籍的有关概念

早期地籍是认定土地权属、征收土地税而建立的土地档案。现代地籍是指由国家监管的以土地权属为核心、以地块为基础的土地及其附着物的权属、位置、数量、质量和利用现状等土地基本信息的集合，用图、数、表等形式表示。

地籍图是用图的形式直观地描述土地及其附着物之间的相互位置关系，包括分幅地籍图、专题地籍图、宗地图等。

地籍数据是用数的形式描述土地及其附着物的位置、数量、质量、利用现状等要素，如面积册、界址点坐标册、房地产评价数据等。

地籍表是以表的形式对土地及其附着物的位置、法律状态、利用状况等进行文字描述，如地籍调查表、土地登记表和各种相关文件等。

地籍的作用是为制定土地政策提供科学依据，为土地管理提供基础资料，为维护产权权益提供法律证据，为土地的经济活动提供参考资料。

建立地籍的主要工作是地籍调查。地籍调查是遵照国家的法律规定,采取行政、法律手段,采用科学方法,对土地及其附着物的位置、权属、数量、质量和利用现状等基本情况进行的调查,是获取和表达地籍信息的技术性工作。具体任务可区分为土地权属调查、土地利用现状调查、地籍测量等。

8.2.2　地籍测量

地籍测量(亦称地籍测绘)是为获取和表达地籍信息所进行的测绘工作,主要是测定每宗土地的位置、面积大小,查清其类型、利用状况,记录其价值和权属,绘制地籍图,据此建立土地档案或地籍信息系统,供实施土地管理工作和合理使用土地时参考。

地籍测量不同于普通测量,它既是一项基础性的测绘工作,又是一种执法行为;地籍测量是在地籍调查(狭义)的基础上进行,以测定地籍要素为主的测绘工作;地籍测量的主要成果是地籍图,并由此生成宗地图和地籍表格;地籍图需要及时更新,地籍图有非常强的现实性。

地籍测量成果内容丰富、资料多、信息量大。地籍图的内容主要包括地籍要素和与地籍要素有关的地物要素,一般不表示地貌。与普通地形图相比,城镇地籍图上通常没有等高线,除表示建筑物及构筑物、交通设施、管线和水系等必要的地物外,重点表示以下地籍要素。

(1)街道(地籍区)。以行政区内行政界线和主干道路等线状地物所封闭的区域,用街道界、街道编号表示。

(2)街坊(地籍子区)。在"街道"内根据实际情况由互通的小巷、沟渠等封闭起来的区域,是方便管理地籍的管理单元,用街坊界、街坊编号表示。

(3)宗地。地籍调查的基本单元。凡是被权属界线封闭的、有明确权属主和利用类别的地块称为一宗地。每宗地都要在街坊内进行统一编号,通常在宗地号下面有地类号和宗地面积。

(4)界址线、界址点。宗地四周的权属界线称为界址线,宗地权属界线的转折点称为界址点,它是标定宗地权属界线的重要标志,设有界桩并测定其坐标。

(5)权属主。宗地的土地使用者或土地所有者,较大宗地通常注记权属主名称。

(6)宗地坐落。由行政区名、街道名及门牌号组成。

8.2.3　数字地籍测量

目前,数字地籍测量(亦称数字地籍测绘)已取代传统的模拟地籍测量,数字地籍将地籍调查和地籍测量的结果形成计算机存储的数字、图形、文字信息,以实现土地管理自动化、信息化。

数字地籍测量是利用数字化采集设备采集各种地籍信息数据,并将数据传输到计算机中,再利用相应的应用软件对采集的数据加以处理,最后输出并绘制各种所需的地籍图件和表册的一种自动化测绘技术和方法。数字地籍测量是一种融"3S"技术为一体的先进技术和方法,它的最大优点是在完成地籍测量的同时可建立地籍图形数据库,从而为实现现代化地籍管理奠定基础。

数字地籍测绘作业流程如图8-1所示。数据采集过程同数字地形测量,方法有野外数据采集法(包括RTK GPS采集、全站仪采集)、扫描矢量化法、航片量测法。数据处理是将不同方法采集得到的数据,经过通信接口及相应的通信软件传输给计算机,然后经过相应的软件(如 CASS,CASSCAN 等)处理,计算出各宗地的面积,绘制宗地图和地籍图等。经过数据处理之后,按照国家土地管理局的《城镇地籍调查规程》,输出地籍测量所需要的各项成果。为了便于今后地籍变更及地籍信息的自动化管理,所采集的原始数据和经过处理的有关数据均加以有序存储管理,并建立地籍数据库,为地籍信息系统提供数据。

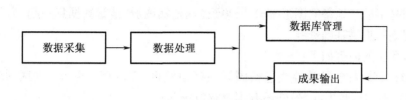

图 8-1　数字地籍测绘作业流程

8.2.4　数字地籍测绘系统

数字地籍测绘系统是以计算机为核心,以全站仪、GPS 接收机、数字化仪、解析测图仪等自动化测量仪器为输入装置,以数控绘图仪、打印机等为辅助,再配以相应的数字地籍测绘软件,构成集数据采集、传输、数据处理及成果输出于一体的自动化的地籍测绘系统。数字地籍测绘系统的结构与功能如图 8-2 所示。

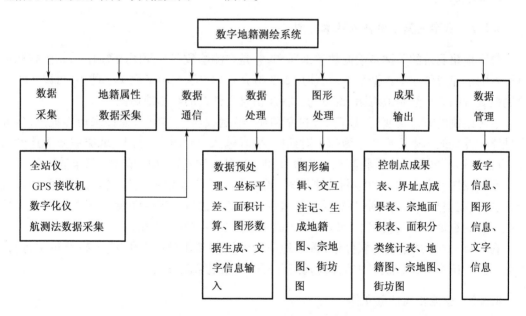

图 8-2　地籍测绘系统的结构与功能

数字地籍测绘系统中的关键技术是数字地籍测绘软件。目前,在国内市场上较成熟的有南方测绘仪器公司的 CASS 地形地籍成图软件及 SCSG 数字化测绘软件、武汉瑞得公司的 RDMS 数字测图系统、清华山维的 EPSW 电子平板测图系统,它们均可用于地籍图的测绘,并能按要求生成宗地图和地籍表格。下面仅以南方测绘仪器公司的 CASS 软件为例,介绍数字地籍成图的内业。

8.3　数字地籍图绘制

8.3.1　地籍图简介

地籍图是不动产地籍的图形部分。地籍图与地籍图册、地籍数据集一起,为不动产的管理、税收、规划等提供基础资料。

分幅地籍图的内容如下:

(1)各级行政界线,行政界线包括国界、省(自治区、直辖市)界、市(地区、州)、县(盟、旗)、乡(镇)、村的行政界线,另外还有国营林牧场界;

(2)地籍平面控制点,包括地籍基本控制点和图根控制点;

(3)地籍编号;

(4)宗地界址点及界址线:

(5)街道名称及门牌号;

(6)在宗地内注记下的单位名称;

(7)河流、湖泊及其名称;

(8)必要的建筑物和构筑物、围墙、栏杆等;

(9)地类号。

8.3.2　数字地籍图绘制的基本思想

数字地籍测绘的关键是绘制数字地籍图,它是在测绘数字平面图的基础上,加上权属信息得到的。完成外业的数据采集后,使用 5.3 节介绍的方法绘出平面图。此后,可以用手工绘制权属线的方法绘制地籍图,也可通过权属信息文件自动绘制地籍图。

手工绘制的方法是使用"地籍"下拉菜单中"绘制权属线"功能,捕捉宗地界址点,生成界址线。界址线出来后系统立即弹出对话框,要求输入宗地号、权利人、地类编号等属性信息,点击"确定"按钮后系统将其加到权属线里。这种方法直观,但较烦琐,工作量较大。

通过权属信息文件自动绘制地籍图时,首先要生成权属信息文件,然后在平面图基础上,运行权属信息文件,得到权属地籍图,最后对界址点进行适当的编辑,即可得到规范的地籍图。随后在地籍图的基础上可以自动生成宗地图和各种地籍表格。

在 CASS 地形地籍成图软件中,数字地籍图的绘制工作都在"地籍"下拉菜单下进行。下面重点介绍在 CASS 软件中通过权属信息文件绘制地籍图方法。

8.3.3　生成权属信息文件

权属信息文件(格式详见 CASS 的参考手册)可以通过以下 4 种方法得到,如图 8 - 3 所示。

1. 权属合并

权属合并需要用到两个文件:权属引导文件和界址点数据文件。

(1)权属引导文件编辑

权属引导文件的格式如下:

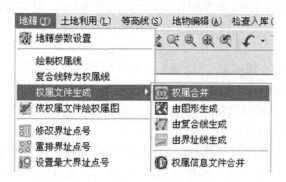

图 8 - 3　权属文件生成的四种方法

宗地号,宗地名(权利人),土地类别,界址点号,界址点号,…,界址点号,E
宗地号,宗地名,土地类别,界址点号,界址点号,…,界址点号,E
…
E

该文件规定:

①每行描述一个宗地,行尾的 E 为宗地的结束标志。

②编写宗地号的方法:

　　　　　街道号(地籍区号) +街坊号(地籍子区) +宗地序号(地块号)

　　　　　3 位数字(×××) +2 位数字(××) +5 位数字(×××××)

③权利人按实际调查结果输入;

④土地类别按规范要求输入;

⑤权属引导文件的结束符为 E,E 要求大写。

图 8 - 4　权属引导文件格式

　　权属引导文件可以用任何一种文本编辑器进行编辑、修改,文件名通常取" ∗ DJ. YD"
格式。如用鼠标单击菜单中"编辑\编辑文本文件"菜单项,按上述的权属引导文件的格式
和内容编辑好权属引导文件,如图 8 - 4 所示。存盘返回 CASS 屏幕。

　　(2)权属信息文件生成

　　选择"地籍\权属文件生成\权属合并"项,系统弹出对话框,按提示分别输入权属引导
文件名、坐标点(界址点)数据文件名、地籍权属信息文件名。当指令提示区显示"权属合并

完毕!"时,表示权属信息文件(如 SOUTHDJ. QS)已自动生成。这时按[F2]键可以看到权属合并的过程。

2. 由图形生成

在外业完成地籍调查和测量后,得到界址点坐标数据文件和宗地的权属信息,在内业,可以用此功能完成权属信息文件的生成工作。

先用"绘图处理"下的"展野外测点点号"功能展出外业数据的点号,再单击"地籍\权属文件生成\由图形生成"菜单项,命令区提示:

请选择:(1)界址点号按序号累加(2)手工输入界址点号 <1> 按要求选择,默认选1。

接下来弹出对话框,要求输入地籍权属信息文件名,保存在合适的路径下,如果此文件已存在,则提示:文件已存在,请选择(1)追加该文件(2)覆盖该文件 <1> 按实际情况选择。

输入宗地号:输入 0010100001。

输入权属主:输入"天河中学"。

输入地类号:输入 44。

输入点:打开系统的捕捉功能,用鼠标捕捉到第一个界址点(如37)。接着,命令行继续提示:

输入点:等待输入下一点。

依次选择 39,40,41,182,181,36 点。

输入点:回车或按空格键,完成该宗地的编辑。

请选择:1、继续下一宗地2、退出 <1>:输入2,回车。

选1则重复以上步骤继续下一宗地,选2则退出本功能。这时,权属信息数据文件已经自动生成。以上操作中采用的是坐标定位,也可用点号定位。用点号定位时不需要依次用鼠标捕捉到相应点,只需直接输入点号就行了。

3. 由复合线生成

这种方法在一个宗地就是一栋建筑物的情况下特别好用,不然的话就需要先手工沿着权属线画出封闭复合线。

单击"地籍\权属文件生成\由复合线生成"菜单项,输入地籍权属信息文件名后,命令区提示:

选择复合线(回车结束):用鼠标点取一栋封闭建筑物。

输入宗地号:输入"0010100001",回车。

输入权属主:输入"天河中学",回车。

输入地类号:输入"44",回车。

该宗地已写入权属信息文件!

请选择:1、继续下一宗地2、退出 <1>:输入2,回车。

选1则重复以上步骤继续下一宗地,选2则退出本功能。

4. 由界址线生成

如果图上没有界址线,可用"地籍"下拉菜单中"绘制权属线"生成(在 CASS 中,"界址线"和"权属线"是同一个概念)。使用此功能时,系统会提示输入宗地边界的各个点。当宗地闭合时,系统将认为宗地已绘制完成,弹出对话框,要求输入宗地号、权属主、地类号等。输入完成后单击"确定"按钮,系统会将对话框中的信息写入权属线。

权属线里的信息可以被读出来,写入权属信息文件,这就是由权属线生成权属信息文件的原理。操作步骤如下：

执行"地籍\权属文件生成\由界址线生成"命令后，直接用鼠标在图上批量选取权属线，然系统弹出对话框，要求输入权属信息文件名。这个文件将用来保存下一步要生成的权属信息。

输入文件名后，单击保存，权属信息将被自动写入权属信息文件。已有权属线再生成权属信息文件一般是用在统计地籍报表的时候。

当有多个权属信息文件需要合并成一个文件时，可使用"权属信息文件合并"的功能将多宗地的信息合并到一个权属信息文件中。

8.3.4　绘制地籍图

有了权属信息文件后，就可以自动绘制地籍图。首先可以利用"地籍\地籍参数设置"功能对成图参数进行设置。

根据实际情况选择适合的注记方式，绘权属线时要作哪些权属注记。如要将宗地号、地类、界址点间距离、权利人等全部注记，则在这些选项前的方格中打上钩，如图 8 – 5 所示。

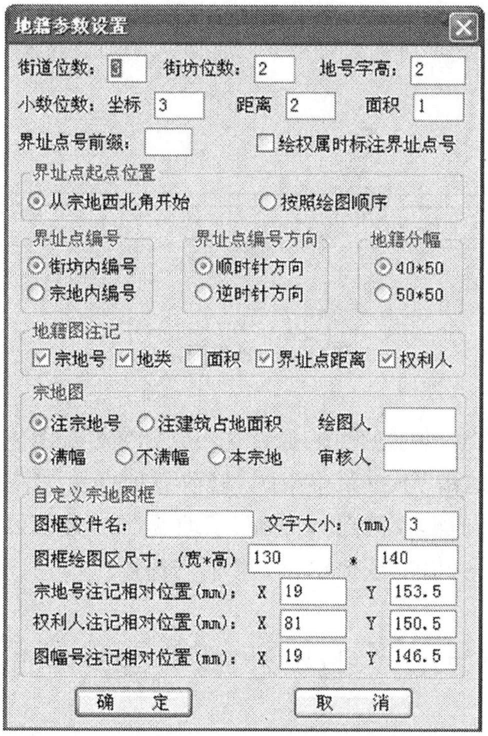

图 8 – 5　地籍参数设置

特别要说明的是"宗地图"中是否满幅的设置。CASS 5.0 以前的版本没有此项设置，默认均为满幅绘图，根据图框大小对所选宗地图进行缩放，有时会出现诸如 1:1 215 这样的比例尺。有些单位在出地籍图时不希望这样的情况出现，他们需要整百或整五十的比例尺。这时，可将"宗地图"选项设为"不满幅"。在绘制宗地图时将"宗地图参数设置"内"比例尺分母的倍数"设为需要的值。比如：设为 50，成图时出现的比例尺只可能是 1:$(50 \times N)$，N

为自然数。

参数设置完成后,单击"地籍\依权属文件绘权属图"菜单项,弹出要求输入权属信息文件名的对话框,这时输入权属信息文件,命令区提示:

输入范围(宗地号、街坊号或街道号)(全部)根据绘图需要,输入要绘制地籍图的范围,默认值为全部。

可通过输入"街道号×××",或输入"街道号×××街坊号××",或输入"街道号×××街坊号××宗地号××××",输入绘图范围后程序即自动绘出指定范围的权属图。如:输入0010100001 只绘出该宗地的权属图,输入00102 将绘出街道号为001、街坊号为02 的所有宗地权属图,输入001 将绘出街道号为001 的所有宗地权属图。最后得到的地籍图如图8-6 所示。

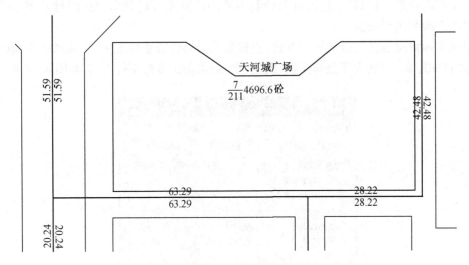

图8-6 地籍图部分

由权属信息文件自动绘制的地籍图,通常达不到标准地籍图的要求,还需对地籍图进行一些编辑与修改。选取"地籍"下拉菜单中的"修改界址点号""重排界址点号""注记界址点点名""界址点圆圈修饰(剪切/消隐)""修改宗地属性""修改建筑物属性""修改界址线属性""修改界址点属性"等功能,按提示完成相应的操作。

8.4 宗地图和地籍表格绘制

8.4.1 宗地图

1. 宗地图

宗地图是土地证书和宗地档案的附图,它是从地籍图上蒙绘或复制的有关宗地的图件。宗地图一般采用32 开、16 开或8 开纸绘制,宗地过大或过小时可调整比例尺绘制。目前一般采用16 开图纸绘制。

2. 宗地图的内容

宗地图的内容主要有:

（1）本宗地号；

（2）地类号；

（3）宗地面积；

（4）界址点及界址点点号；

（5）界址边长；

（6）邻宗地号及邻宗地界址示意线等；

（7）宗地内的主要建筑物、构筑物、围墙、栏杆等。

8.4.2　宗地图绘制

绘制地籍图工作完成后，便可以制作宗地图。具体有单块宗地和批量处理两种方法，两种都是基于带属性的权属线。

1. 单块宗地

打开绘制好的地籍图，可用鼠标划出切割范围。单击"地籍\绘制宗地图框\A4 竖\单块宗地"菜单项，弹出如图 8 - 7 所示对话框，根据需要选择宗地图的各种参数后单击"确定"按钮，屏幕提示如下：

用鼠标器指定宗地图范围—第一角：用鼠标指定要处理宗地的左下方。

另一角：用鼠标指定要处理宗地的右上方。

用鼠标器指定宗地图框的定位点：屏幕上任意指定一点。

一幅完整的宗地图就画好了，如图 8 - 8 所示。宗地图的内容一般有宗地所在的图幅号、宗地编号（地籍号）、权属主（权利人）、界址线、界址点、界址点

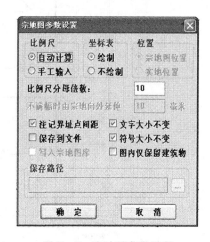

图 8 - 7　宗地图参数设置

名、界址边长、宗地（序）号、地类号、宗地面积、绘图日期、指北方向、比例尺及主要建筑物、构筑物等，其中界址线和界址点通常用红色表示。

2. 批量处理

打开绘制好的地籍图，选择"地籍\绘制宗地图框\A4 竖\批量处理"。命令区提示：

用鼠标器指定宗地图框的定位点：指定任一位置。

请选择宗地图比例尺：（1）自动确定（2）手工输入 <1 > 直接回车默认选 1。

是否将宗地图保存到文件？（1）否（2）是 <1 > 回车默认选 1。

选择对象：用鼠标选择若干条权属线后回车结束，也可开窗全选，多块宗地图制作完成。如果要将宗地图保存到文件，则在所设目录中生成若干个以宗地号命名的宗地图形文件，而且可以选择按实地坐标保存。

另外，用户可以自己定制宗地图框。首先需要新建一幅图，按自己的要求绘制一个合适的宗地图框，并在 C：\CASS90\BLOCKS 目录下保存为合适的图名。然后在"地籍成图"下拉菜单下的"地籍参数设置"里更改自定义宗地图框里的内容。将图框文件名改为所定义的文件名，设置文字大小和图幅尺寸，输入宗地号、权利人、图幅号各种注记相对于图框左下角的坐标。地籍的参数设置参见图 8 - 5。将地籍的参数配置设置好后，就可以使用"地籍（J）"下拉菜单中的"绘制宗地图框\自定义尺寸"功能，此菜单下又分为"单块宗地"和"批

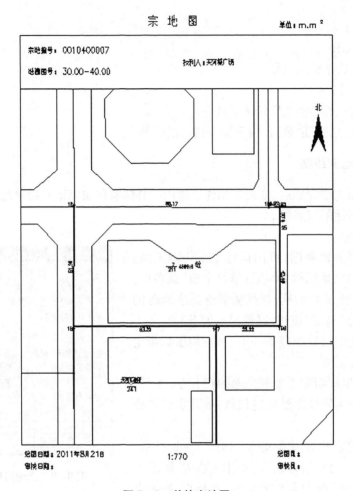

图 8 - 8   单块宗地图

量处理"两种。依此操作即可加入自定义的宗地图框。

CASS 7.0 以上的版本具有修改、输出宗地属性功能。用鼠标点取地籍图上的宗地权属线或注记,系统会弹出如图 8 - 9 对话框,宗地的全部属性一目了然,即可在此对话框中修改宗地属性。还可以将图 8 - 9 所示的宗地信息输出到 ACCESS 数据库。选取"地籍"下拉菜单下"输出宗地属性"功能,屏幕弹出对话框,提示输入 ACCESS 数据库文件名。输入文件名后,提示请选择要输出的宗地,选取要输出的到 ACCESS 数据库的宗地,回车后系统将宗地属性写入给定的 ACCESS 数据库文件名。用户可自行将此文件用微软的 ACCESS 打开并进行查看。

8.4.3   地籍表格绘制

单击"地籍\绘制地籍表格"菜单项(图 8 - 10),根据要求输入相应的信息,即可分别得到界址点成果表,以街坊为单位界址点坐标表,以街道为单位宗地面积汇总表,街道、街坊面积统计表,面积分类统计表等。下面举两个例子说明具体操作。

1. 界址点成果表绘制

单击"地籍\绘制地籍表格\界址点成果表"菜单项,弹出对话框要求输入权属信息文件

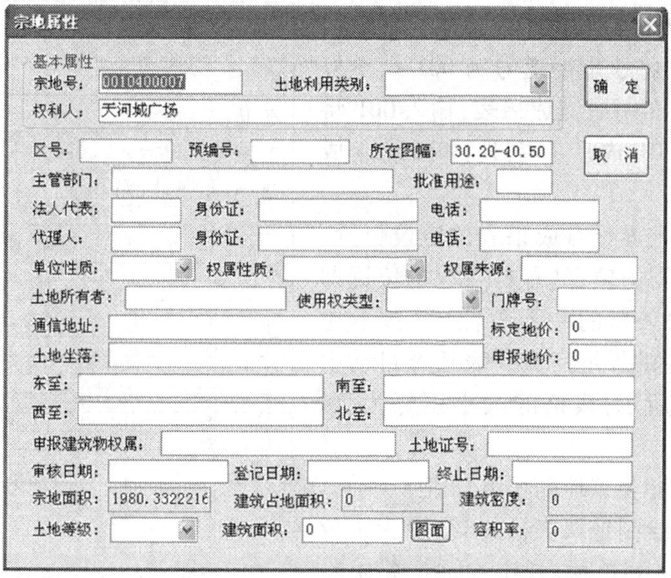

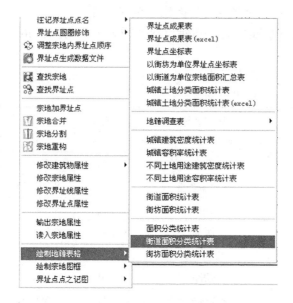

图 8 - 9　宗地属性对话框

图 8 - 10　地籍\绘制地籍表格

名,输入权属信息文件名后,命令区提示:

　　用鼠标指定界址点成果表的点:用鼠标指定界址点成果表放置的位置。

　　(1)手工选择宗地(2)输入宗地号 <1>回车默认选 1

　　选择对象:下拉框选择需要选出界址点表的宗地。

　　是否批量打印(Y/N)? <N>回车默认不批量打印。

　　根据绘图需要,输入要绘制界址点成果表的宗地范围,可以输入“街道号×××”,或输入“街道号×××街坊号××”,或输入“街道号×××街坊号××宗地序号×××××”,

程序默认值为绘全部宗地的界址点成果表。
如,输入0010100001只绘出该宗地的界址点成
果表,输入00102将绘出街道号为001街坊号
为02内所有宗地的界址点成果表,输入001将
绘出街道号为001内所有宗地的界址点成果
果表。

用鼠标器指定界址点成果表的定位位置,
移动鼠标到您所需的位置(鼠标点取的位置即
是界址点成果表表格的左下角位置)按下左
键,符合范围宗地的界址点成果表随即自动生
成,如图8-11所示,表格的大小正好为A4
尺寸。

2. 以街道为单位宗地面积汇总表

单击"地籍\绘制地籍表格\以街道为单位
宗地面积汇总表"菜单项,弹出对话框要求输
入权属信息文件名,输入权属信息文件名后,命
令区提示:

输入街道号:输入001,将该街道所有宗地全部列出。

输入面积汇总表左上角坐标:用鼠标点取要插入表格的左上角点,出现如图8-12的
表格。

| 　 | 界 址 点 成 果 表 | 第 1 页 |
| | | 共 1 页 |

宗 地 号 0010400007

宗 地 名 天河城广场

宗 地 面 积(平方米) 4696.6

建 筑 占 地(平方米) 0.0

界 址 点 坐 标

序号	点号	坐 标 X(m)	标 Y(m)	边 长
1	184	30177.260	40179.228	
2	185	30176.975	40265.402	86.17
3	193	30177.215	40270.317	4.92
4	195	30168.152	40270.296	9.06
5	196	30125.669	40270.296	42.48
6	197	30125.669	40242.080	28.22
7	189	30125.671	40178.789	63.29
1	184	30177.260	40179.228	51.59

制表:　　　　　审核:　　　　年 月 日

图8-11　宗地的界址点成果表

_____市_____区__01__街道

项目 地籍号	地类名称 <有二级类的列二级类>	地类 代号	面积 (m²)	备注
01010001	教育	44	7 509.28	
01010002	商业服务业	11	8 299.25	
01020003	旅游业	12	9 284.08	
01020004	医卫	45	6 946.25	
01030005	文、体、娱	41	10 594.39	
01030006	铁路	61	10 342.86	
01040007	商业服务业	11	4 696.56	
01040008	机关、宣传	42	4 716.92	
01040009	住宅用地	50	9 547.89	
01040010	教育	44	2 613.77	

图8-12　以街道为单位宗地面积汇总表

参 考 文 献

[1] 杨晓明,沙从术,郑崇启,等. 数字测图[M]. 北京:测绘出版社,2009.

[2] 徐泮林. 数字化成图[M]. 北京:地震出版社,2008.

[3] 梁勇,邱健壮,厉彦玲. 数字测图技术及应用[M]. 北京:测绘出版社,2009.

[4] 潘正风,程效君,成枢,等. 数字测图原理与方法[M]. 武汉:武汉大学出版社,2009.

[5] 詹长根. 地籍测量学[M]. 武汉:武汉大学出版社,2005.

[6] 周忠谟,易杰军,周琪. GPS卫星测量原理与应用[M]. 北京:测绘出版社,1999.

[7] 杨晓明. 数字测绘基础[M]. 北京:测绘出版社,2005.

[8] 邹玉堂,路慧彪. AutoCAD 2006实用教程[M]. 2版. 北京:机械工业出版社,2006.

[9] 芬克尔斯坦. AutoCAD 2006和AutoCAD LT2006宝典[M]. 霍炎,尚红昕,刘玲,译. 北京:电子工业出版社,2006.

[10] 翟翊,赵夫来. 现代测量学[M]. 北京:解放军出版社,2003.

[11] 杨晓明,苏新洲. 数字测绘基础(上)[M]. 北京:测绘出版社,2005.

[12] 中华人民共和国国家质量监督检验检疫总局. 中华人民共和国国家标准,1∶500、1∶1000、1∶2000地形图图式[S]. 北京:中国标准出版社,2007.

[13] 中华人民共和国国家质量监督检验检疫总局. 中华人民共和国国家标准,土地利用现状分类[S]. 北京:中国标准出版社,2007.